Dirk Duscha
Oliver Drewes

DER LEOPARDGECKO
UND SEINE FARBVARIANTEN

Duscha, Dirk / Drewes, Oliver:
DER LEOPARDGECKO UND SEINE FARBVARIANTEN
Meckenheim: VIVARIA Verlag 2015
ISBN 978-3-9813176-8-8

Fotos Cover: Wildtyp (Fritz Wüthrich), **Black Hole** und **Tremper Sunglow** (Jürgen Wagner)
Foto Rückseite: Black Night, semiadult
(Franziska & Cindy Niederberger, www.sunsetgeckos.ch)
Layout und Satz: Oliver Drewes, 53340 Meckenheim
Illustration: Vogelsang Werbegrafik, 53123 Bonn
Lektorat: wort & text, 50181 Bedburg
Druck: Finidr, Tschechische Republik

VIVARIA Verlag
Oliver Drewes
Dürerstr. 23
53340 Meckenheim

VIVARIA
Verlag für Heimtierliteratur
www.vivaria-verlag.de

VORWORT

Der Leopardgecko gehört zu den Klassikern und weltweit meistgehaltenen Arten in der Terraristik. Seine Beliebtheit hat viele Gründe. Er ist neugierig, zutraulich, pflegeleicht und einfach zu züchten. Seine großen Augen und sein vermeintliches Lächeln wecken Sympathie. Sein Erscheinungsbild als Wildform ist bereits sehr ansprechend, die Vielzahl seiner Farbzuchten der letzten 20 Jahre wird höchstens noch durch diejenige der Kornnatter übertroffen. Und der Leopardgecko eignet sich besonders für Berufstätige, da er nach Feierabend zur Aktivität erwacht.
Beim Autor Dirk Duscha besteht seit der Veröffentlichung eines Artenporträts in der Sonderausgabe *Leopardgeckos* der Zeitschrift *Reptilia* und den Haltungstipps auf seiner Homepage seit einigen Jahren der Wunsch, seine Erfahrungen mit dieser interessanten Geckoart in einem Buch zu beschreiben. Die nun vorliegende – von Coautor Oliver Drewes ergänzte – Publikation soll vor allem Neueinsteigern und Interessierten mit Basisinformationen als Grundlage für die Pflege von *Eublepharis macularius* dienen. Aufgrund des Schwerpunktes im Hinblick auf die Farbvarianten kann und soll es nicht alle Themen in Bezug auf Leopardgeckos in aller Ausführlichkeit abhandeln. Tiefgehendere Informationen bieten die Publikationen der Autorenkollegen Griesshammer & Köhler (2009) sowie Henkel & Schmidt (2009), siehe Literaturverzeichnis. Umfangreich ist der persönliche Interessensschwerpunkt der Autoren durch den speziellen Teil der aktuell populären Farbvarianten. Im Bestreben, dem Leser eine interessante Reptilienart und deren Zuchtvariationen näherzubringen, wünschen die Autoren viel Spaß beim Lesen dieser Lektüre.

Salzgitter & Meckenheim, im Mai 2015
Dirk Duscha & Oliver Drewes

Foto links: www.facebook.com/sasobekreptiles

INHALTSVERZEICHNIS

Familie & Gattung

Während sich die deutsche Bezeichnung Leopardgecko, ähnlich dem englischen Namen, auf die leopardenähnliche Zeichnung adulter Tiere bezieht, ist auch der wissenschaftliche Name bedeutungsvoll. Der Gattungsname setzt sich aus dem griechischen „eu" für gut und „blepharis" für Augenwimper zusammen und spielt auf die gut ausgebildeten Augenlider an. Der wissenschaftliche Artname „macularius" bedeutet gefleckt.

Eublepharis macularius sind erstmalig 1854 vom englischen Wirbeltierforscher und ersten Kurator der Asiatic Society of Bengal, Edward Blyth, beschrieben worden. Sie gehören neben den Arten *Eublepharis angramainyu* (Anderson & Leviton, 1966), *Eublepharis fuscus* (Börner,1981), *Eublepharis hardwickii* (Gray, 1827) sowie *Eublepharis turcmenicus* (Darevsky, 1977) zur Gattung *Eublepharis* (Leopard- oder Fettschwanzgeckos).

Diese Gattung gehört neben *Coleonyx*, *Goniurosaurus*, *Hemitheconyx* und *Holodactylus* zur Unterfamilie der *Eublepharinae.* Neben *Aeluroscalabotinae* gehört diese Unterfamilie zur Familie der Lidgeckos (*Eublepharidae)*, die der Zwischenordnung der Geckoartigen (*Gekkota*) nachgestellt ist.

Nach Börner (1981) lassen geringfügige Abweichungen in Zeichnung und Beschuppung die Unterarten *E. m. macularius*, *E. m. afghanicus*, *E. m. fasciolatus*, *E. m. fuscus*, *E. m. montanus* und *E. m. smithi* unterscheiden. Seufer et al. (2005) empfehlen weitere Feldforschung darüber, ob es sich hierbei um Variabilitäten handeln könnte. Familien, Gattungen und Arten werden in der Terraristik allerdings ständig revidiert.

Grismer (1988) sieht nur den Unterartstatus *E. m. afghanicus* als gerechtfertigt.

Foto: www.geckosetc.com

Die folgende Darstellung der Familie der Lidgeckos enthält umstrittene Arten und Unterarten, ist aber immer noch gültig:

Die Familie der Lidgeckos (Eublepharidae) gliedert sich in 2 Unterfamilien:
- *Aeluroscalabotinae*
- *Eublepharinae*

Die Unterfamilie Eublepharinae gliedert sich in 5 Gattungen:
- *Coleonyx*
- *Eublepharis*
- *Goniurosaurus*
- *Hemitheconyx*
- *Holodactylus*

E. turcmenicus

Die Gattung Eublepharis gliedert sich in 5 Arten:
- *Eublepharis angramainyu* (Anderson & Leviton, 1966)
- *Eublepharis fuscus* (Börner, 1981)
- *Eublepharis hardwickii* (Gray, 1827)
- *Eublepharis macularius* (Blyth, 1854)
- *Eublepharis turcmenicus* (Darevsky, 1977)

Die Art Eublepharis macularius wird mit 5 Unterarten gelistet:
- *Eublepharis macularius afghanicus* (Börner, 1976)
- *Eublepharis macularius fasciolatus* (Günther, 1864)
- *Eublepharis macularius macularius* (Blyth, 1854)
- *Eublepharis macularius montanus* (Börner, 1976)
- *Eublepharis macularius smithi* (Börner, 1981)

E. m. fasciolatus

E. m. montanus

Fotos: www.geckosetc.com

Eublepharis macularius lässt sich in der Systematik wie folgt einordnen:

Klasse: Reptilien (*Reptilia*)
Ordnung: Schuppenkriechtiere (*Squamata*)
Unterordnung: Echse (*Sauria*)
Zwischenordnung: Geckoartig (*Gekkota*)
Überfamilie: *Eublepharoidea*
Familie: Lidgeckos (*Eublepharidae*)
Unterfamilie: Eigentliche Lidgeckos (*Eublepharinae*)
Gattung: Leopardgeckoartige (*Eublepharis*)
Art: Leopardgecko (*Eublepharis macularius*)
Trivialname: Leopardgecko

Anmerkung: Oft wird in Texten nicht oder nicht klar zwischen der Gattung *Eublepharis* und der Art *Eublepharis macularius* unterschieden. Wird in diesem Buch vom Leopardgecko geschrieben, ist – wenn nicht explizit anders erwähnt – immer *Eublepharis macularius*, aber keine der anderen vier Leopardgeckoarten gemeint.

Wildfarbene Leopardgeckos, auch Wildtyp genannt, sind die ursprüngliche Form mit originär vielen kleinen Flecken auf gelbem Grund mit brauner Querbänderung. Nach Auffassung einiger Halter ist sie gegenüber dem großen Angebot an Farbvarianten viel zu selten geworden.

Verbreitung & Lebensraum

Gekkonidae, Geckos, stellen mit über 1.000 Arten eine große Familie dar. Das Verbreitungsgebiet erstreckt sich nahezu über die gesamte Südhalbkugel sowie Teile der Nordhalbkugel. Je nach Art sind sie den Bedingungen in Trockengebieten als auch denjenigen eines Regenwaldes angepasst. Das natürliche Verbreitungsgebiet der Familie *Eublepharidae* ist groß. Als Fundort von *Eublepharis macularius* benannte Blyth in seiner Erstbeschreibung die Salt Range, eine pakistanische Provinz im Punjab. Gekennzeichnet ist diese Region durch Hügel und Berge sowie dem dort vorkommenden und namengebenden Steinsalz. Eublepharis-Arten sind vom Iran im Westen, über Irak, Afghanistan, Turkmenistan, Pakistan bis Nordwest Indien (Wilms, 2004) verbreitet.

Der Leopardgecko *Eublepharis macularius* ist auf die trockenen Steppen zwischen dem Süden und Osten Afghanistans, Pakistans und die tropischen Trockenwälder Nordwest-Indiens beschränkt. Unbestätigte Hinweise eines russischen Herpetologen auf ein kleines Areal im Osten des Iran (Zarudny, 1904) hätten das Verbreitungsgebiet 450 km nach Westen erweitert (Seufer et al., 2005). Die beiden von Zarudny gefundenen Exemplare gingen jedoch verloren, bevor sie in die Sammlung von St. Petersburg eingelagert werden konnten (Anderson, 1999).

Reine Sandwüsten meidet der Leopardgecko (Khan, 2006). Laut Seufer et al. (2005) gibt es Vorkommen bis in 2.500 m über Meereshöhe.

Foto: Ralf Jakob

Als Bodenbewohner findet man Leopardgeckos in Halbwüsten und felsigen Steppenlandschaften, zerklüfteten Habitaten und Landschaften mit Verstecken und Geröll.

Fotos: Thomas Hamann

Zwischen den trockenen Steppen Südost-Afghanistans (Abbildung) und den tropischen Trockenwäldern Nordwest-Indiens meidet *Eublepharis macularius* reine Sandflächen.

Auswahl

Nach Vorbereitung, durch Lesen geeigneter Lektüre zur Haltung und zum artgerechtem Einrichten eines Terrariums, steht die Beschaffung der Tiere an. Ob nun beim Fachhändler oder privaten Züchter, idealerweise mit längerer Haltungs- oder noch besser Zuchterfahrung, sollten die Tiere in aller Ruhe beobachtet werden. Betrachten Sie vor dem Kauf auch das Terrarium der Geckos. Kotberge und verunreinigte Wasserschalen können Krankheiten verursachen. Achten Sie auf das Verhalten beim Ergreifen der Geckos. Ein gesunder, nicht an Menschenhand gewöhnter Leopardgecko wird stets flüchten. Ein Anzeichen einer eventuell vorliegenden Erkrankung kann ein apathisch erscheinender Leopardgecko sein. Dies äußert sich insofern, dass das natürliche Fluchtverhalten beim Versuch, den Leopardgecko zu ergreifen, nicht mehr vorhanden ist. Das Tier hat jedoch nur scheinbar jede Scheu verloren.

Schauen Sie sich das Tier von allen Seiten genau an. Häutungsreste sind in der Regel bereits ein Indiz auf Haltungsfehler oder können auf eine Mangelerkrankung hinweisen. Achten Sie auch hier darauf, dass sowohl die Nasen- als auch Ohröffnungen nicht durch Häutungsreste verschlossen sind. Nasenlöcher sowie Ohröffnungen sollten auch, ebenso wie die Kloake, frei von Verkrustungen und Entzündungen sein. Lassen Sie sich den Leopardgecko von unten zeigen. Die Kloake darf nicht gerötet oder durch anhaftende Kotreste verunreinigt sein. Oft ist dies schon ein erstes Krankheitsanzeichen. Der Kot eines gesunden Leopardgeckos ist dunkel und fest. Bei dem weißen Anhängsel am Ende des abgesetzten Kots handelt es sich um Harnsäurekristalle. Diese werden mit dem Kot zusammen abgegeben und nicht als Urin mit Flüssigkeit ausgeschieden. Ein gesunder Leopardgecko weist einen oftmals leicht rübenförmigen Schwanz auf, der sich zum Ende hin verjüngt.

Beim Erwerb benötigen Sie in Deutschland keinen Herkunftsnachweis des Verkäufers und müssen die Haltung auch nicht behördlich anmelden, wie das bei manch anderen Tieren der Fall ist. Leopardgeckos zählen nicht zu den geschützten Arten. Ihre Vermehrung ist einfach, die Nachfrage wird durch Zucht gedeckt und fordert keine großen Importmengen. In der Schweiz gibt es seit dem 01.01.2015 nach der Verordnung des BLV über den Tierschutz beim Züchten, Art. 10 lit. e, die Besonderheit, dass die Zucht von Reptilien mit Enigma-Syndrom (*siehe Seite 38 und 79*) verboten ist.

Transport

Nach dem Erwerb muss der Leopardgecko sicher transportiert werden. Grundsätzlich ist das mit Stress für die Tiere verbunden. Durch eine gute Vorbereitung kann dieser auf ein Minimum reduziert werden. Für den Transport der Leopardgeckos eignen sich am besten flache, gelochte, ausreichend große Kunststoffdosen des Fachhandels. Der Boden dieser Behältnisse sollte mit Küchenvlies ausgelegt sein. Bei sommerlichen Temperaturen wird dieses zuvor befeuchtet, um ein Dehydrieren und Überhitzen der Leopardgeckos zu verhindern. Bei extremen Außentemperaturen empfiehlt es sich, den Transportbehälter in eine isolierende Styroporbox zu stellen, die sowohl gegen Kälte und Hitze als auch andere äußere Einflüsse schützt und den Stressfaktor minimiert. Der Transportbehälter wird zum Beispiel mit zerknеultem Zeitungs- oder Packpapier in der Styroporbox gegen ein Hin- und Herrutschen stabilisiert. An kälteren Tagen kommen spezielle Wärmekissen aus dem Fachhandel im Innenraum der Styroporbox zum Einsatz.

Praxistipp: Ein Versand von Reptilien stellt heutzutage kein Problem mehr dar. Mittlerweile gibt es eine nicht geringe Anzahl von Kurierdiensten, die sich auf diese Art Transport spezialisiert haben. Die Fahrer dieser Unternehmen sind speziell im Umgang mit Reptilien geschult und stehen mit Rat und Tat zur Seite.

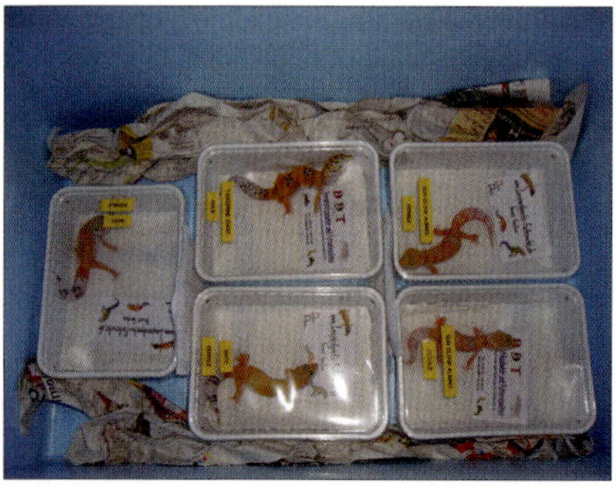

Foto: Dirk Duscha

Leopardgeckos werden in Boxen mit ausgelegtem Küchenvlies und gelochtem Deckel transportiert.

Foto: Lisa Einsfelder

Küchenvlies ersetzt auch während der Quarantänezeit den Bodengrund. Nach Verschmutzung wird das Vlies erneuert.

Quarantäne

Jedes neu erworbene Tier sollte grundsätzlich eine Quarantänezeit in isolierter Einzelhaltung von mindestens 2-3 Monaten durchlaufen. Nicht nur, wenn ein neu erworbener Leopardgecko in eine bestehende Gruppe integriert werden soll und man ein ungewolltes Einschleppen von Krankheitserregern ausschließen möchte; auch bevor ein Einzeltier erstmalig sein neues Zuhause bezieht. Nur so kann man ausschließen, dass nicht gleich auch Parasiten und Krankheitserreger den neuen Lebensraum besiedeln.

In der Quarantänezeit muss der Kot der Leopardgeckos 2-3-mal in ein Labor eingeschickt und tierärztlich untersucht werden. Eine mehrmalige Kontrolle (*siehe unter „Hilfreiche Adressen“*) ist nötig, da bei einem Krankheits- oder Parasitenbefall nicht in jeder Kotprobe Erreger gefunden werden müssen. Erfolgt auf alle Kontrollen ein negativer Befund, kann der Neuzugang mit anderen Leopardgeckos vergesellschaftet werden.

Im Verdachtsfall einer infektiösen Erkrankung, deren Ursache nicht im Kot festgestellt werden kann, bietet sich dem Tierarzt eine weitere Möglichkeit, diese anhand von Tupferproben vom Maul oder von der Kloake festzustellen (Mag. Martina Konecny, mündl. Mitteilung 2015). Befallene Tiere sollten auch hier separat gehalten und innerhalb der Quarantänezeit behandelt und nachkontrolliert werden.

Auch während der Quarantänezeit ist es wichtig, den Haltungsansprüchen gerecht zu werden. Ein Versteck sowie unterschiedliche Temperaturbereiche, eine Schale mit frischem Wasser und eine mit Kalzium müssen vorhanden sein. Als Bodengrund eignet sich Küchenvlies am besten. Dieses muss nach Verschmutzungen erneuert werden. Sowohl Arbeitsgeräte und Behältnisse als auch Trinkgefäße, die der Versorgung der in Quarantäne befindlichen Leopardgeckos dienen, dürfen erst nach ausreichender Desinfektion, sicherheitshalber aber am besten gar nicht für andere Tiere verwendet werden.

Praxistipp: Negative Untersuchungsergebnisse der Kotproben des Leopardgeckos beim Vorbesitzer oder Händler sind keine Garantie für Gesundheit. Allein der Transport- und Umsetzungsstress kann das Immunsystem derart schwächen, dass eine Erkrankung ausbrechen kann. Sicherheitshalber lässt man den Kot während der Quarantänezeit untersuchen.

Eingewöhnung

Vor dem Einsetzen in ein neu eingerichtetes Terrarium muss sichergestellt sein, dass die klimatischen Bedingungen, wie zum Beispiel Temperatur, Feuchtigkeit und Beleuchtung, den in diesem Buch beschriebenen Anforderungen gerecht werden. Es empfiehlt sich eine Einlaufzeit von mindestens zwei Wochen. Des Weiteren ist es wichtig, dass sämtliche Einrichtungsgegenstände verletzungssicher aufgestellt werden. Versteck- und Rückzugsmöglichkeiten müssen vorhanden und umsturzsicher gebaut sein.

Es macht einen großen Unterschied, ob ein Tier allein in ein neues Terrarium gesetzt oder in eine bereits bestehende Gruppe integriert wird. Im ersten Fall ist das Eingliedern in ein neues Zuhause nicht schwierig. Das neue Tier wird in den ersten zwei bis drei Tagen das Terrarium erkunden und die Ruheplätze zum Schutz aufsuchen. Störungen sollten vermieden werden.

Das Eingliedern in eine bereits bestehende Gruppe ist für das Tier mit größerem Stress verbunden. Oberstes Gebot muss sein, sich die Zeit zu nehmen, um in den ersten Stunden die Eingewöhnung zu beobachten. So kann bei Problemen frühzeitig eingegriffen werden. Männliche Leopardgeckos sind sehr territorial und können, außer als Jungtiere bis zu einem Alter von ungefähr sechs Monaten, nicht miteinander vergesellschaftet werden. Auch unter weiblichen Tieren kann es zu Streitigkeiten kommen. Diese verschwinden jedoch in der Regel nach kurzer Zeit insofern, dadurch dass sich eine Rangordnung bildet.

Sollten Sie kleinere Revierkämpfe beobachten, so ist das in der Regel unbedenklich. Bei anhaltenden und heftigen Beißereien müssen die Tiere wieder getrennt werden. Versuchen Sie es zu einem späteren Zeitpunkt erneut. Funktioniert die Vergesellschaftung nicht, zeigt dieses Verhalten aber lediglich nur das eines normalen Einzelgängers, was der Leopardgecko in der Natur auch ist.

Hilfreich ist es, vor dem Einsetzen eines neuen Tieres die komplette Einrichtung des Terrariums neu zu gestalten. Werden alle Tiere gleichzeitig eingesetzt, gibt es keine bereits aufgeteilten Vorzugsplätze.

Alter

Die Lebenserwartung eines Leopardgeckos kann recht hoch sein. So berichten SEUFER et al. (2005) darüber, dass ein am 20. Mai 1976 in der afghanischen Provinz Laghman gefangenes adultes Weibchen am 24. Juli 2001 an Legenot verstarb. Dieses Weibchen wurde im Terrarium den Angaben zufolge über 24 Jahre, 2 Monate und 4 Tage alt. Esther LAUE (persönliche Mitteilung) hält derzeit das nachfolgend abgebildete, über 34 Jahre alte Wildfangtier.

Foto: Esther Laue

Morphologie

Eublepharis macularius ist die größte der aus Pakistan bekannten Geckoarten. Die Gesamtlänge (GL), gemessen von der Kopf- bis hin zur Schwanzspitze, ist individuell verschieden. Nachzuchten im Terrarium können mehr als doppelt so lang werden wie Exemplare in freier Natur. KHAN (2006) gibt unter natürlichen Bedingungen eine ungefähre Kopf-Rumpf-Länge (KRL), gemessen vom Kopf bis zum Kloakenspalt, von 120-158 mm und eine Schwanzlänge (SL), gemessen vom Kloakenspalt bis zur Schwanzspitze, von 89-93 mm an. Das Gewicht der Leopardgeckos liegt dann bei 35-40 Gramm. Im Terrarium hingegen wurden von Tremper (DE VOSJOLI et al., 2005) Leopardgeckos mit einem Gewicht von über 150 Gramm und einer Länge von über 280 mm, die sogenannten **Super Giants**, gezüchtet.

Foto oben: http://gecko-world.jimdo.com
Foto unten: Thomas Beitz

Illustriertes Größenverhältnis von Wildfang (unten) und gezüchtetem **Super Giant** (oben).

Foto: Dirk Allert

Der leicht abgeflachte Kopf ist durch den schmaleren Hals deutlich vom Körper abgesetzt, das Maul läuft mäßig spitz zu.

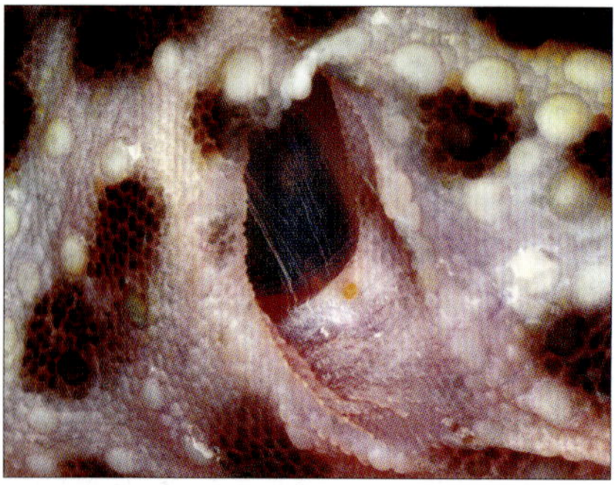

Foto: Daniel Bohle

Die relativ großen Öffnungen hinter den Augen sind die Gehöreingänge, Tympanum genannt. Bei genauer Betrachtung ist in diesen das Trommelfell zu sehen.

Das Stimmvermögen von *Eublepharis macularius* ist weniger ausgeprägt. Die Tiere sind allerdings zu Lautäußerungen befähigt, die einem Keckern nahekommen. Jungtiere in den ersten Tagen nach dem Schlupf und adulte Tiere in höchstem Stress (Esther Laue, pers. Mitteilung) können wie Babys markerschütternd schreien.

Leopardgeckos werden regelmäßig dabei beobachtet, wie sie mit der Zunge an Gegenständen lecken. Ähnlich den Schlangen und Waranen, die mit ihrer gespaltenen Zunge aufgenommene Geruchsstoffe an das im Gaumendach befindliche Jacobson'sche Organ transportieren.

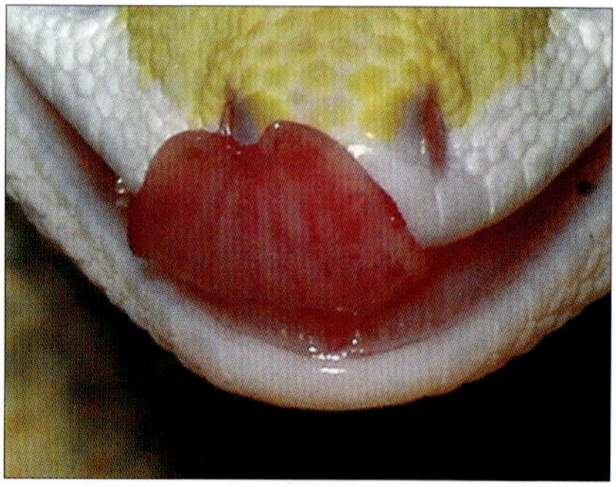

Foto: Daniel Bohle

Im vorderen Bereich der Zunge besitzen Leopardgeckos eine kleine Kerbe, mit der sie die unterschiedlichsten Geschmacksstoffe aufnehmen können.

Die über die Zungenkerbe aufgenommenen Geschmacksstoffe werden auf die Genießbarkeit von Futter oder die Anwesenheit männlicher Konkurrenz analysiert (Griesshammer & Köhler, 2009). Seufer (2005) erwähnt ergänzend, dass Leopardgeckos in der Lage sind, Geschlechter durch abgegebene Pheromone zu unterscheiden.

Der Familie der Lidgeckos angehörig, besitzen Leopardgeckos bewegliche, untere Augenlider. Durch sie werden die empfindlichen Augen vor Schmutz und mechanischen Verletzungen, die beispielweise bei der Jagd entstehen, geschützt. Angepasst an die nächtliche Lebensweise sind die Augen der Leopardgeckos im vorderen Bereich des Kopfes seitlich gelegen, was den Tieren ein größeres Gesichtsfeld ermöglicht.

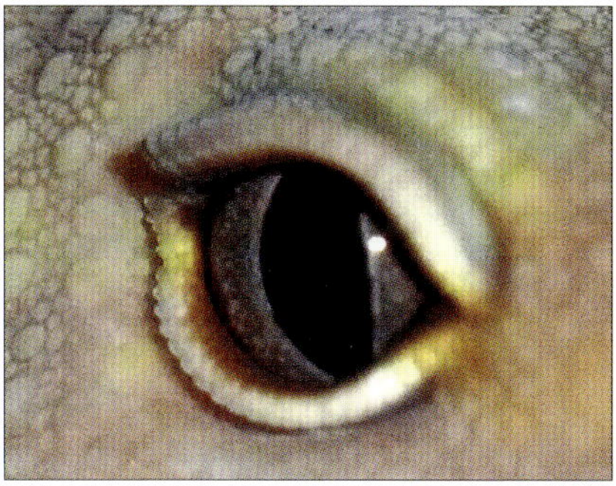
Foto: Daniel Bohle

Die Pupille verläuft senkrecht. Der Lichtintensität angepasst kann diese in ovaler Form weiter geöffnet oder geschlossen werden.

Bei gesunden Tieren heben sich weder Rippen noch Beckenknochen ab. *Eublepharis macularius* besitzt in der Natur eine gelblich-braune Grundfärbung, die mit zahlreichen schwarzen Flecken vermischt ist. Färbung und Zeichnung sind jedoch extrem variabel.

Foto: Sven Schulze

Aus seiner Zeichnung leitet sich der umgangssprachliche Name Leopardgecko ab.

Nach Börner (1976) sind Tiere aus dem nördlichen Verbreitungsgebiet und den Bergen heller gefärbt als diejenigen aus dem Süden und Flachland.

Foto: David Kreipner

Jungtiere zeigen eine vom adulten Stadium abweichende, auffällige Körperzeichnung.

Die Körperzeichnung der Jungtiere wird als biologische Funktion der Fresshemmung für adulte Exemplare diskutiert. Solange die adulten Tiere jedoch nicht regelrecht vollgefressen sind, werden Jungtiere im Terrarium als Futter oft nicht verschmäht.

Das Jugendkleid zeigt auf sattgelbem Grundton dunkelbraune bis schwarze Querbänder. Im Nacken zeigt sich oft ein weißes Band. Die Kopfoberseite ist im Normalfall komplett dunkel gefärbt, stellenweise zeigen sich helle Flecken. Die Bänderzeichnung der Jugendfärbung löst sich ungefähr ab der neunten Lebenswoche mit zunehmendem Alter auf und geht in das typische Fleckenmuster über.

Foto: David Kreipner

Mit etwa 6 Monaten ähnelt das Fleckenmuster bereits mehr adulten als juvenilen Tieren, wobei die Bänderung noch stark ausgeprägt ist.

Im Alter von etwa 2 Jahren unterscheiden sich Nachzuchten nicht mehr von anderen adulten Tieren. Bei einigen Leopardgeckos bleibt die Anordnung der Flecken als Bänder jedoch lebenslang sichtbar.

Mit der eigentlich robust aussehenden Haut ist *Eublepharis macularius* nach Griesshammer & Köhler

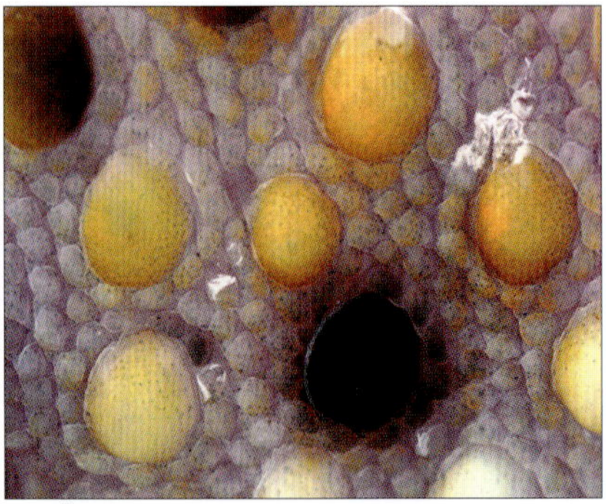

Foto: Daniel Bohle

Über die samtartig beschuppte Haut sind regelmäßig größere Tuberkelschuppen verstreut.

(2009) in der Lage, feinste Berührungen wahrzunehmen, mit ihr praktisch zu fühlen. Da die Haut keinen guten Schutz gegen die Verdunstung von Feuchtigkeit bietet, ist der Leopardgecko, wie an anderer Stelle erwähnt, auf feuchte Verstecke angewiesen, die regelmäßig besprüht werden müssen.

Foto: Lisa Einsfelder

Wie bei allen Reptilien besteht die oberste Hautschicht aus toten Zellen, die nicht mitwachsen können und daher regelmäßig abgestoßen werden müssen.

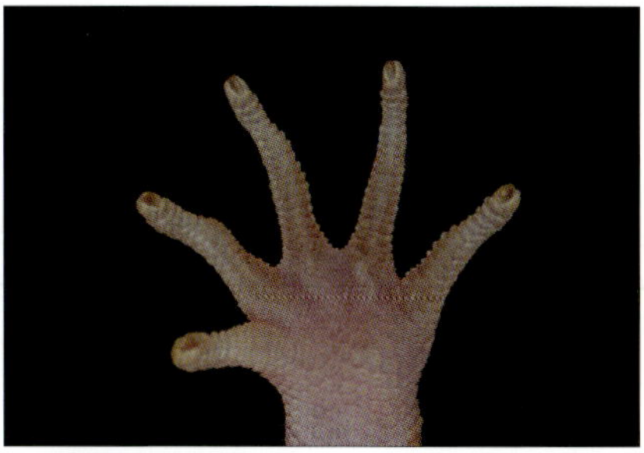
Foto: Daniel Bohle

Die jeweils fünf Zehen der Gliedmaßen besitzen am Ende eine Kralle.

Ihre Krallen dienen den Leopardgeckos zum Graben und Klettern in unwegsamem Gelände. Die Unterseiten der Zehen sind mit kleinen Schuppen besetzt, die den Füßen ebenfalls Schutz vor Verletzungen z. B. beim Klettern oder Überwinden von Geröllhalden bieten. Den Füßen der Lidgeckos fehlen auf der Unterseite die für Geckos typischen Haftlamellen. Somit besitzen sie nicht die Fähigkeit, an glatten Wänden entlanglaufen zu können.

Leopardgeckos besitzen einen leicht rübenförmigen Schwanz, der in der Mitte am dicksten ist und zum Ende hin schmal ausläuft. Gegen potentielle Fressfeinde haben Leopardgeckos ein Abwehrverhalten entwickelt. Sie besitzen die Möglichkeit, ihren Schwanz an Sollbruchstellen aktiv abzuwerfen und machen davon in Gefahrensituationen Gebrauch. Diese Fähigkeit wird als Autotomie bezeichnet. Eine Zeit lang bewegt sich das abgeworfene Schwanzstück am Boden heftig hin und her und zieht so die Aufmerksamkeit des Räubers auf sich. Dieser ist dadurch abgelenkt und der Gecko kann diesen Moment zur Flucht nutzen. An der Bruchstelle beginnt sich nach wenigen Wochen ein Schwanzregenerat zu bilden.

Foto: Gordon Ackermann

Das Regenerat weicht in Form, Färbung und Oberflächenstruktur vom Original ab.

Bis zur vollen Ausprägung des Regenerats dauert es eine erhebliche Zeit. Es besitzt weiterhin die rübenartige Form des Originals, weist im Gegensatz zu diesem aber nur noch eine relativ feine Hautbeschuppung ohne Tuberkelschuppen auf und besitzt eine andersartige Färbung und unter Umständen eine geringere Länge.

Leopardgecko-Farbzuchten

In den USA begann der große Erfolg der Farbzuchten des Leopardgeckos Anfang der neunziger Jahre. Mit dem nach Deutschland übergeschwappten Boom werden auch hier seit Jahren erfolgreich Farbvarianten gezüchtet. Sowohl in der Natur als auch unter Terrarienbedingungen fallen hin und wieder Tiere auf, die in Zeichnung, Körper- und Schwanzfarbe, Größe und Augenfarbe von dem ursprünglichen Wildtyp des Leopardgeckos abweichen. Ursache hierfür sind spontane Genmutationen im Erbgut. Im Grunde sind diese Grundlage jeder Evolution, können aber auch zu sehr auffallenden Zeichnungs- und Farbabweichungen führen. In der Natur hätte ein solches Tier unter Umständen einen Selektionsnachteil oder nur eine geringe Überlebenschance. Durch Selektionszucht dieser mit Genmutationen behafteten Leopardgeckos und die damit verbundene gezielte Verpaarung miteinander werden für sich einzigartige Farbvarianten herausgezüchtet. In Kombination mit diesen treten gleichzeitig auch zahlreiche Zeichnungsvarianten auf. Mit dem ursprünglichen Leopardgeckomuster haben viele kaum noch Ähnlichkeit. Der Namensgebung und Phantasie des Züchters sind keinerlei Grenzen gesetzt.

Foto: www.leopardgecko.com

Der Amerikaner Ron Tremper züchtet Leopardgecko-Farbvarianten seit über vier Jahrzehnten. Viele der beliebtesten Morphen sowie die Giants verdanken wir seiner Leidenschaft.

Praxistipp: Mancher Neuling kann mit den Abkürzungen der Farbbezeichnungen erst einmal wenig anfangen. Was ist ein AB, ein BRS, ein MSS, ein HTC, ein SHTA oder ein SHTCB? Hier auf einen Blick vorab einige Beispiele, was solche Abkürzungen bedeuten. Was diese Bezeichnung ausmacht oder wie sie gezüchtet wird, wird dann dem Namen nach auf den folgenden Seiten beschrieben.

Foto: http://gecko-world.jimdo.com

AB oder **Ab** steht für **Abyssinian.**

Foto: http://gecko-world.jimdo.com

BRS steht für **Broken Reverse Striped.**

Foto: Daniel Bohle

HTC steht für **Hypo Tangerine Carrottail.**

Foto: Dirk Duscha

MS steht für **Mack Snow.**

Foto: Dirk Duscha

SHTA steht für **Super Hypo Tangerine Albino.**

Foto: http://gecko-world.jimdo.com

MSS steht für **Mack Super Snow.**

Foto: www.fototrapp.de

SHTB steht für **Super Hypo Tangerine Baldy.**

Foto: www.leopardgecko.com

W&Y oder **W/Y** steht für White and Yellow.

Eine Darstellung der Varianten in Zeichnung, Körper- und Schwanzfarbe, Augenfarbe, Größe und Kombinationen daraus, in rein alphabetischer Reihenfolge erschien uns zu unstrukturiert. Alternativ wäre eine Unterscheidung nach rezessiv-, poly-, kodominant- oder dominant-genetischem Ursprung und Kombinationszucht für dieses Buch überlegenswert gewesen. Letztendlich haben wir uns nach Vorstellung der „Farbmutationen" sowie der Darstellung der „Größen" und „Augenfarben" für die Unterscheidung nach „Zeichnung, Körper und Schwanzfarbe" und „Kombinationszuchten" entschieden. So findet sich zum Beispiel die Farbvariante **Mack Snow** im Kapitel „Zeichnung, Körper- und Schwanzfarbe", die Farbvarianten **Mack Snow Bell** oder **Mack Snow Raptor** jedoch viele Seiten später im Kapitel „Kombinationszuchten". Anzumerken ist, dass aus der fast kaum noch überschaubaren Vielzahl an Zuchtvarianten hier die geläufigeren ohne Anspruch auf Vollständigkeit vorgestellt werden.

Nicht abgebildet werden Bezeichnungen von Exemplaren, die im Handel, im Internet oder auf Börsen auftauchen und lediglich eine Ausprägung hervorheben, aber keine anerkannte Farbvariante (Tremper, schriftliche Mitteilung 2014) darstellen. So sind **Circle Back** Tiere mit zumindest im Jungtieralter deutlich zu erkennenden kreisrunden Zeichnungen auf dem Rücken. **Light Phase Striped** sind Exemplare mit hellen Seitenstreifen. **Whitesided** wird für jedwede Farbform verwendet, bei der man von oben betrachtet die helle Seitenzeichnung erkennen kann.

Foto: www.geckodaddy.com

Tangerine, **Halloween Mask** und **TUG Snow** Nachzuchten.

Farbmutationen

Foto: www.fototrapp.de

Amelanismus

Umgangssprachlich werden amelanistische Leopardgeckos unkorrekterweise oft auch als Albinos bezeichnet. Albinos müssten eigentlich fast weiße Geckos sein, denen alle Farbpigmente in der Haut fehlen und die rote Augen haben. Den Amelanisten fehlen nicht alle Pigmente, sondern nur die genetisch bedingte Veranlagung, Melanin zu bilden. Melanin ist verantwortlich für die Bildung schwarzer Pigmente. Bekannt sind bisher drei rezessiv vererbliche, amelanistische „Albino"-Formen, basierend auf unterschiedlichen Genveränderung: **Bell Albino** (Florida strain), **Tremper Albino** (Texas strain) und **Rainwater Albino** (Las Vegas strain). Die Kreuzung von „Albinos" aus diesen drei unterschiedlichen Linien bringt nur normal und heterozygote Tiere hervor, da das Fehlen des Melaninpigmentes auf unterschiedlichen Genen sitzt.

Foto: www.trappfoto.de

Axanthismus

Es gibt verschiedene Typen von pigmenthaltigen Zellen, Chromatophoren genannt, die der Haut ihre Färbung verleihen. Eines davon sind Xantophoren. Diese enthalten Pterinosomen, Farbstoffe, die für gelbliche Töne verantwortlich sind. Fallen diese mutationsbedingt aus, sind nur die Farben erkennbar, die durch Melanin und Purin erzeugt werden. Diesen Zustand nennt man Axanthismus. Axanthische Leopardgeckos sind zum Beispiel **Mack Super Snows** und **Line-bred Snows**.

Foto: Daniel Bohle

Leuzismus

Dies sind Leopardgeckos, die als adulte Tiere eine zeichnungslose, grün-gelbliche Körperfärbung besitzen. Die Jungtiere besitzen eine wirklich spektakuläre Körperzeichnung. Ihre Grundfärbung ist zu Beginn gelblich und weist gerade im Kopf- und Halsbereich eine imposante dunklere Fleckenzeichnung auf. Es sind keine Albinos. Im Gegensatz zu den Amelanisten haben leuzistische Leopardgeckos dunkle Augen.

Black Pearl

Im **D**-Projekt wurde **Black Pearl** mit **Charcoal** gekreuzt.

Fotos: www.facebook.com/sasobekreptiles

Melanismus

Dunkle Tiere mit verstärkter Bildung des Pigments Melanin tauchen zufallsbedingt immer wieder auf. Seit langem versuchte man in Linienzucht eine Morphe zu kreieren, die eine möglichst tiefschwarze Färbung weiter vererbt. Ron Tremper hatte nach eigenen Angaben (Tremper, 2012) im Jahr 2001 seine **Black Gecko** Projektgruppe unfallbedingt in Abwesenheit verloren. Die wenigen Nachkommen eines **Black Pearl** Projektes aus England befinden sich heute in den USA (TS-Geckos, schriftliche Mitteilung) bzw. in Belgien und den Niederlanden (Jürgen Wagner, schriftliche Mitteilung). Heute hört man noch von **Black Velvet**, **Code Black** oder **The Dark** Projekten. Seit 2014 geben niederländische Züchter fast komplett schwarze **Black Nights** (*siehe Seite 32 f.*) ab.

Größen-Varianten

Giant
Schwergewichtige Riesen, die ein Gewicht zwischen 80 und 120 g als Männchen und 60-90 g bei den Weibchen aufweisen. Die ersten **Giants** züchtete Ron Tremper. Die Zucht erfolgt mit auffällig großen Tieren, die offensichtlich das kodominant vererbliche **Giant**-Gen tragen.

Super Giant
Form, die das Gewicht der **Giants** noch einmal übertrifft. Weibchen werden bis 100, Männchen bis 150 g schwer. Rekordhalter in Gewicht und Größe war Ron Tremper's Albino namens Moose mit 156 g und 28,26 cm, bis die **Godzilla Super Giants** auftauchten.

Fotos: www.geckosetc.com

Godzilla Super Giants
Steve Sykes gelang es, aus der Tremper-**Giant**-Linie mit dem Enkel des berühmten **Super Giant** „Moose" noch größere Tiere zu züchten. „Godzilla" schlüpfte am 20.05.2007 und gilt nach Kenntnis der Autoren mit 30 cm Länge und 170 g Gewicht seit dem 20.10.2010 als der größte Leopardgecko der Welt.

Augenfarben-Varianten

Black-eyed
Tiere mit komplett schwarzen Augen, was zunächst nur bei den **Mack Super Snow** bekannt war. Folglich auch in der Kombinationszucht mit ihnen wie **Super Diorite**, **Super Galaxy** und **Super Typhoon**.

Foto: Lisa Einsfelder

Eclipse-eyed
Unabhängig von den **Mack Super Snow** traten in der **Tremper-Albino**-Linie auf einem anderen Gen ebenfalls komplett schwarze Augen auf, die **Eclipse** genannt werden. Unter anderem bei den Varianten **Giant**, **Tremper Albino**, **Blizzard**, **Snow**, **Murphy Patternless** und **High Yellow** zu finden, aber nicht an eine bestimmte Farbmorphe gebunden. Bei Auftreten erhalten die Farbvarianten die Namensergänzung **Eclipse**. Eine Albinoversion der komplett schwarzen Eclipse-Augen tritt in roter Farbe unter anderem bei der Morphe **Raptor** auf.

Foto: www.fototrapp.de

Marble-eyed
Anders als die komplett schwarzen Augen der **Mack Super Snow**- oder **Tremper**-Linie bringt diese Genmutation unregelmäßig marmorierte schwarze Augen hervor.

Foto: Maren Andres

Normal-eyed
Bei der klassischen Erscheinungsform der Augen ist die Pupille schwarz-grau gefärbt.

Foto: http://hessen-leopardgeckos.jimdo.com

Red-eyed
In dieser Variante der Augenfarbe ist die Pupille orange gefärbt. Es treten hellere und graue Flecken darin auf.

Foto: Maren Andres

Snake-eyed
Dies ist eine **Eclipse**-Mutation. Eine Hälfte des Auges ist komplett schwarz gefärbt, während die andere Hälfte des gleichen Auges die eigentliche Pupillenfarbe besitzt. Es kann auch vorkommen, dass ein Auge normal gefärbt und das andere **Snake-Eye** oder **Eclipse** ist.

Foto: www.fototrapp.de

Varianten nach Zeichnung, Körper- und Schwanzfarbe

Electric Tangerine
Foto: www.sunsetgeckos.ch

Foto: www.trappfoto.de

Baldy
Umgangssprachlich heißt das glatzköpfig, gemeint sind Tiere ohne jegliche Kopfzeichnung. Dies ist nicht genetisch bedingt. Das Zuchtziel wird durch Selektion und Verpaarung von Tieren mit geringer Kopfzeichnung und permanente Auslese von zeichnungsschwachen Tieren erreicht. Zuerst aufgetreten und vornehmlich ein beschreibendes Merkmal der **Super Hypo Tangerine**-Varianten. Als reine Zeichnungsform tritt **Baldy** mittlerweile auch bei diversen anderen Farbvarianten auf.

Foto: www.leopard-gecko-cz.com

Banana Blizzard
Die Tiere sind gelblicher als **Blizzards**. Manche haben einen komplett gelben Bauch. Richtige **Banana Blizzards** entstehen aus der Verpaarung von **Blizzard** und **Patternless** in der F2-Generation. Daneben und häufiger sind ebenso bezeichnete Tiere, wie abgebildet, die nur gelbliche **Blizzards** sind.

Foto: Gordon Ackermann

Banded
Eine Zeichnungsvariante der Leopardgeckos, bei der quer über den Rücken verlaufende Bänder namensgebend sind. Deutliche Bänderungen sind bei Jungtieren einiger Varianten zu sehen, die aber temporär sind und sich später wieder in einem Fleckenmuster auflösen. Bei der Variante **Banded** bleiben die Bänder bis ins adulte Stadium erhalten. Besonders oft scheint diese Zeichnungsvariante bei adulten Tieren der **Super Hypo Tangerine** (**SHT**) vorzukommen.

Foto: www.facebook.com/LeRoiLeopardgeckos

Bandit
Erscheinungsform, bei der quer über die Nase der Geckos ein dunkler Streifen verläuft. Ähnlich einem Banditen, der durch eine Augenmaske sein Gesicht verschleiern möchte. Das markante Zeichnungsmerkmal **Bandit** kann mit allen Farbformen und den meisten Zeichnungsformen kombiniert werden.

juvenil

Fotos: www.facebook.com/sasobekreptiles

Foto: www.geckosetc.com

Bell Albino (auch **Florida strain** genannt)
Amelanistische Albinolinie des amerikanischen Ehepaars Bell, bei denen die ersten Tiere dieser Farbvariante 1999 aufgetreten sein sollen. **Bell Albinos**, eine der drei Albino-Linien, zeichnen sich unter anderem durch vergleichsweise stärker ausgeprägte Zeichnungsmuster mit mehr ins Burgunderrot gehenden Brauntönen auf dem Körper aus. Ein weiteres Kennzeichen sind ihre bis ins Erwachsenenstadium anhaltenden, leicht rosa bis orange gefärbten Pupillen. Diese sind auffallend mit Äderchen durchzogen.

Fotos: www.facebook.com/LeRoiLeopardgeckos

Black Night
Diese fast bis komplett schwarze Variante entstand ohne Einkreuzung der melanistischen Varianten **Black Pearl** oder **Charcoal** in den Niederlanden und stellt eine eigene Blutlinie dar. Ferry Zuurmond startete 1997 durch selektive Weiterzucht der jeweils dunkelsten Exemplare einer Wildtypgruppe. Nach siebzehn Jahren selektiver Linienzucht begann Ferry zusammen mit Roy eine breitere Zucht aufzustellen (*siehe www.facebook.com/blacknightleopardgeckos*) und Roy begann die **Black Nights** in andere Farbvarianten (*siehe www.facebook.com/blacknightleopardgeckos*) einzukreuzen. An andere Züchter wurde diese Farbvariante erstmals 2014 weitergegeben. (Roy Sluiter, schriftliche Mitteilung 2015).

Fotos: www.facebook.com/LeRoiLeopardgeckos

Es gibt drei Abstufungen von **Black Nights**: fast bis komplett schwarze Tiere, schwarze mit Zeichnung und hellere. Für das Zuchtergebnis spielt das keine Rolle. Einerseits können bei schwarzen Elterntieren hellere Jungtiere entstehen, andererseits können hellere Elterntieren schwarze Jungtiere hervorbringen. (Roy SLUITER, schriftliche Mitteilung 2015).

Fotos: www.facebook.com/LeRoiLeopardgeckos

Black Night Schlüpflinge können schwarz sein oder eine Zeichnung aufweisen und innerhalb von ein bis zwei Jahren schwarz werden. Dass Jungtiere mit der Zeit heller werden, konnte nicht beobachtet werden. Die Inkubationstemperatur spielt keine Rolle bei der Ausprägung der Intensität der dunklen Farbe. (Roy SLUITER, schriftliche Mitteilung 2015).

Abb. zeigt die Kombination mit **Snake-eye**.

Foto: www.trappfoto.de

Blizzard
Namensgebend für diese zeichnungslosen Leopardgeckos waren die Schneestürme in den USA, die sogenannten Blizzards. Dabei müssen die Tiere nicht weiß sein, graulich oder gelblich sind ebenso möglich. Als einzige Farbform verfügt diese Variante auch beim Zeitpunkt des Schlupfes über keinerlei Fleckenzeichnung. In Abgrenzung werden rein weiße Varianten als **Blazing Blizzard**, gelbe als **Banana Blizzard** und dunkle als **Midnight Blizzard** bezeichnet. Die Augen sind schwarz. Die Vererbung ist rezessiv, das heißt, die Zucht erfolgt mit **Blizzard** oder **het. Blizzard** Elterntieren.

Foto: www.jmgreptile.com

Blood Hypo
Jeff Galewood gelang laut www.der-leopardgecko.net 1988 durch Selektionszucht aus den **Super Hypo Tangerine Carrottail** (**SHTC**) diese imposante Farbvariante mit einer für sie ausgeprägten intensiven, blutorangen Färbung.

Foto: www.geckosetc.com

Bold Striped

Variante der **Striped**, bei dem das Muster über die Seiten den Eindruck breiter Streifen ergibt. Diese Zeichnungsform ist an keine bestimmte Farbvariante gebunden. **Bold Striped** sind inzwischen mit allen drei Albino-Linien und den **Mack Snows** kombiniert worden.

Foto: wrb-geckos.npage.de

Broken (Reverse) Striped

Broken Striped ist eine Variante mit einer oder mehreren Unterbrechungen im Verlauf des Dorsalstreifens, deren Ursprung genetische Veranlagung sein dürfte. Die Bezeichnung bezieht sich nicht auf eine einzelne Farbmorphe, sondern auf das Muster. Ein **Reverse Striped** mit unterbrochenem Streifenmuster, wie hier abgebildet, ist entsprechend ein **Broken Reverse Striped**.

Foto: www.geckosetc.com

Carrothead
Bezeichnung für Tiere mit ausgepägter, karottenfarbener Kopfzeichnung. Die Zucht erfolgt durch Verpaarung von Tieren mit ausgeprägtem **Carrothead**. Hier abgebildet ein **Raptor Carrothead.**

Foto: www.geckosetc.com

Carrottail (abgekürzt **C**, zuweilen auch **CT**)
Diese erstmals in England gezüchtete Farbform bezeichnet sehr begehrte Tiere, bei denen mindestens ein Drittel des Schwanzes orange gefärbt ist. Je größer der durch Auswahlzucht hervorgerufene Orangeanteil und je geringer die Fleckenzeichnung am Schwanz ist, desto gesuchter und teurer sind die Exemplare. Spitzentiere weisen über 90 % Orangefärbung des Schwanzes auf. Abgebildet ein **Aptor Carrottail**.

Foto: Daniel Bohle

Chocolate Albino
Dunkler als üblich gefärbte Varianten der **Tremper Albinos**. Diese Erscheinungsform entsteht alleine durch eine niedrigere Inkubationstemperatur in Verbindung mit einer niedrigeren Haltungstemperatur. Auswahlzucht und Vererbung spielen dabei keine Rolle.

Fotos: www.dragoongecko.com

Electric Tangerine
Nach dem Namen Electra des ersten geschlüpften Weibchens bei Kelli Hammack, welche die **Super Hypo Tangerine**-Form seit 2004 züchtet, wurde die Linie **Electric** genannt. **Electric** ist nicht einfach nur ein „high end" **Tangerine**, sondern eine eigene polygenetische Linie. Mit ihrer sehr charakteristischen, extrem orangen bis ins rot gehenden Färbung hebt sie sich für Kenner deutlich vom Orange-rot anderer **Tangerine**-Linien ab. Leider werden überwiegend „low end" Tiere oder Kreuzugen mit anderen **Tangerine**-Linien angeboten, sodass sich vor Anschaffung ein Vergleich mit den Originaltieren bei www.hiss.net oder www.dragoongecko.com, der ältesten Zucht reiner **Electrics** in Europa, empfiehlt.

juvenil

Fotos: www.trappfoto.de

Enigma
Dominant vererbte Farbmutation, die im Bestand von Mark Bell spontan aufgetreten ist. Schlüpflinge zeigen einen weißgräulichen Kopf und einen weißen Schwanz, auch adulte Tiere fallen durch eine deutlich reduzierte Zeichnung an Kopf und Schwanz auf. Die Augen können von der Wildform abweichend von orange bis hellrot gefärbt sein. Züchterisch reizvoll ist diese Art, da es, wie der englische Name der Farbform besagt, ein Rätsel bleibt, wie die Nachzuchten gefärbt sind. Leider kommen bei dieser Farbform Missbildungen und neurologische Erkrankungen vor, die nicht durch die Inkubation, sondern wahrscheinlich durch genetische Defekte verursacht scheinen. Viele Züchter sehen daher bereits von einer Weiterzüchtung dieser Farbform ab.

Foto: http://gecko-world.jimdo.com

Firefox
Neben **Electric Tangerine** und **Tangerine Tornado** ist dies eine weitere Form, die aus den **Super Hypo Tangerine** durch selektive Zucht farbintensiver Tiere zuerst bei Ron Tremper entstand. Wie die beiden zuvor erwähnten Varianten weist auch diese Morphe eine auffallend intensive, orange Körperfärbung auf.

© gradi1975 - Fotolia.com

Four-eyed
Diese Variante weist zwei Kringel am Kopf auf, die wie zusätzliche, übergroße Augen aussehen. Ron Tremper, bei dem **Four-eyed** zuerst auftraten, beschrieb sie im Buch „The Herpetoculture of Leopardgeckos" 2005 als Mutation, allerdings ging man lange Zeit von polygenetischer Vererbung aus. Dragoon Gecko gelang nach eigenen Angaben auf ihrer Hompage jedoch nach 5 Generationen nicht nur die erfolgreiche Fixierung des Gens. Vielmehr splittete sich das Zuchtprojekt neben den „herkömmlichen" **Four-eyed** in zwei weitere Linien auf. **Lavender Four-eyed** zeigen und vererben einen ungewöhnlich hohen Lavenderfarbanteil. **Dark Four-eyed** sind extrem dunkel gefärbt und wurden sogar im Melanisticprojekt **Black Velvet** von Artlinksgeckos integriert.

juvenil

Foto oben: www.facebook.com/LeRoiLeopardgeckos
Foto unten: www.facebook.com/sasobekreptiles

Gem Snow
Diese Variante ist eine der drei offiziellen „Linien" der Line-bred Snows mit dem Ziel schwarz-weiße Leopardgeckos zu züchten. Sie stammt ursprünglich von Jim Holler von „Reptilian Gems" aus selektiver Linienzucht. Die Jungtiere aller drei **Line-bred Snow**-Linien schlüpfen wie auch die **Mack Snows** mit schwarzen Bändern auf weißer Körperfarbe. Die Fähigkeit, die blassen Farben im Erwachsenenalter zu erhalten, hängt stark von der Linie und vor allem von der Qualität des einzelnen Tieres ab. Generell entwickeln in allen drei Linien (wie auch **Mack Snows**) sogenannte günstige „low end" Exemplare im Erwachsenenalter gelbe Farbpigmente. Die im Adultalter hellsten Tiere sind die wertvollsten und unterscheiden sich als „high end" preislich extrem.

juveniler **Mack Snow Lavender Striped Ghost**

Foto oben: © Steve Smith - Fotolia.com
Foto unten: www.dragoongecko.com

Ghost
Farbform, bei der genetisch bedingt mit zunehmendem Alter die Farben stark verblassen. Adulte Tiere haben die Fähigkeit, innerhalb kürzester Zeit, ihre Farben ähnlich wie ein Chamäleon von extrem hell zu extrem dunkel und wieder zurück zu wechseln (Hassler, schrifliche Mitteilung 2015, Quelle geckotime.com). Typische Nicht-Albino **Ghosts** besitzen einen grünen Schimmer, der weit intensiver als der vieler **Green** sein kann (geckotime.com). Das dominante **Ghost**-Gen (Tremper, 2012) kann mit vielen anderen Farb- und Zeichnungsformen kombiniert werden. Dabei können interessante, bislang ungesehene Effekte beobachtet werden (Hassler, schriftliche Mitteilung 2015). Tremper (2012) schlägt aufgrund des entwicklungsbedingten Farbwechsels bei allen Leopardgeckos vor, entsprechende Tiere erst ab einer Länge von 15 cm als **Ghost** anzusehen. Gut gefärbte, genetisch echte Nachzuchten von hochwertigen Elterntieren werden nur noch von extrem wenigen Züchtern reproduziert.

Emerald **Emerine**

Foto links: www.geckodaddy.com
Foto rechts: http://gecko-world.jimdo.com

Green (auch **G-Project, Smaragd, Emerald** oder **Emerine** genannt)
Ein adulter Gecko, der irgendwo auf Kopf, Körper oder Schwanz einen Anteil von grünen Farbpartien aufweist. **Emeralds** können jedwede Zeichnung und Kombination von Farben zeigen. **Emerines** wurden von Tremper (2012) Exemplare genannt, die als adulte Tiere sowohl **Emerald-** als auch **Tangerine**-Merkmale auf dem Körper tragen. Ein **Albino Patternless Emerine** heißt **Extreme Emerine**.

juvenil

Fotos: www.geckodaddy.com

Halloweenmask
Bei dieser Variante entwickeln sich mit dem Wachstum der Jungtiere die fettschwarzen, markanten Zeichnungen zu einem auffälligen Muster auf dem Kopf. Die Morphe tauchte Ende der 1990er Jahre auf. Albey Scholl von Albey's „Too Cool" Reptiles festigte als Erster über mehrere Jahre Linienzucht die ungewöhnlich aussehende Zeichnung.

juvenil

Foto oben: www.fototrapp.de
Foto unten: www.leopard-gecko-cz.de

High Yellow (auch **Xanthic** oder **Hyper Xanthic** genannt)
Intensiv gelb gefärbte Leopardgeckos, die durch Auswahlzucht von Tieren mit einem erhöhten Gelbanteil entstehen. Die natürliche Zeichnung ist weiterhin vorhanden. Diese Variante war die erste und noch heute am häufigsten im Fachhandel zu findende Farbform. Tiere mit intensiver Gelbfärbung, teilweise reduzierter Zeichnung und / oder **Carrottail** werden auch **Super Yellow** oder **Golden** genannt.

juvenil

Fotos: Daniel Bohle

Hypo (auch **Hypomelanistic** genannt)
Tiere mit reduzierter Bildung des schwarzen Pigments Melanin, die aus Auswahlzucht von Geckos mit reduzierter Fleckenbildung stammen. In Abgrenzung von **Super Hypo** zeigen sie maximal 10 schwarze Flecken auf dem Rücken. Die hier abgebildeten Tiere zeigen **Hypo Tangerine**.

juvenil

Fotos: www.fototrapp.de

Jungle (auch **Jungle phase** genannt**)**
Diese Leopardgeckos besitzen anstelle der Querbänderung ein unregelmäßig verteiltes Fleckenmuster auf dem Rücken bis zum Schwanz. Tiere, bei denen sich das Muster nur am Körper zeigt, aber nicht bis zum Schwanz fortsetzt, werden **Aberrant** genannt.

Foto: http://gecko-world.jimdo.com

juvenil

Lavender (auch **Lavendel** genannt)
Diese anerkannte Farbvariante (Hassler, schriftl. Mitteilung 2015) zeigt lilafarbene Farbakzente auf Körper und / oder Schwanz. Selten ist dass die bei Jungtieren häufiger auftretende Färbung bis ins Erwachsenenstadium beibehalten wird. In einem Projekt verfolgt Dragoon Gecko das Ziel, auch noch adult lavendergefärbte Tiere zu züchten. Laut Hassler (mündl. Mitteilung 2014) ist Lavender die am schwierigsten zu erhaltende Farbe, die von anderen üblicherweise überdeckt wird. Bei Tieren, wo ein lilagraues Band oder lilagraue Flecken die dunkle Querbänderung ersetzen, findet man Bezeichnungen wie **High Yellow Lavender**, **Lavender Bandit**, **Lavender Emerine**, **Lavender Jungle Bandit**, **Lavender Striped** oder **Lavender Striped Designer**.

Fotos: www.dragoongeckos.com

Juveniler
Lavender Line-bred Snow Reverse Striped.

Line-bred Snow („**Albey“ Line-bred Snow**)
Diese oft nur als Line-bred Snow bezeichnete Variante müsste korrekterweise Albey Line-bred Snow heißen, da sie neben Gem Snow und TUG Snow nur eine von drei Line-bred Linien ist. Sie ist die am wenigsten verbreitete der Line-bred Linien mit einem hohen Potential für helle Farben. Zuerst gezüchtet wurde sie von Albey Scholl von Albeys too cool reptiles. Beim Schlupf zeigen die Tiere eine weiße Farbe, durchlaufen dann eine gelbliche Phase und werden ab dem Alter von etwa 3 Jahren wieder heller (Hassler, mündl. Mitteilung 2014). Mit zunehmendem Alter verblassen sie weiter.

juvenil

Foto links: http://hessen-leopardgeckos.jimdo.com
Foto rechts: Dirk Duscha

Mack Snow
Bei Nachzuchten von John und Amy Mack erstmals aufgetretenes Gen. Dieses brachte teilweise recht hell gefärbte Geckos hervor. Es vererbt sich kodominant (*siehe Seite 138 f.*). Das äußere Erscheinungsbild der **MS** kann der Wildform sehr ähnlich sein, zeigen sie doch teilweise einen nicht unerheblichen Gelbanteil in der Körperfärbung. Spektakulär hingegen ist ein Teil der Nachzuchten von Verpaarungen dieser Morphe untereinander, *siehe* ***Mack Super Snow.***

Foto: © Steve Smith - Fotolia.com

Mack Super Snow
Aus der Verpaarung zweier **Mack Snows** entstehen mit einer 25%igen Wahrscheinlichkeit rein weiße Tiere mit gleichmäßig von Kopf bis Schwanz verteilten schwarzen Punkten. Diese erwecken den Anschein, wie auf einer Perlenkette aufgefädelt zu sein. Zudem besitzen sie schwarze Augen.

Patternless Neon Bell Schlüpfling

Striped Neon Bell

Striped Neon Bell Schlüpfling

Fotos unten: www.dragoongecko.com

Neon Bell

Die außergewöhnlich farbintensiven „high end" **Bell Albinos** entstammen ursprünglich der Zucht von Dr. Christina Voss aus den USA. Nach dem Erwerb der einzigen Tiere, die je von ihr abgegeben wurden und Kooperation mit Dr. Voss hat Dragoon Geckos 2014 das Projekt komplett übernommen. Die Tiere zeigen eine neonartige, bisher nie da gewesene intensive Farbbrillanz unter den **Bell Albinos** mit keinen oder sehr reduzierten Punktmustern auf dem Körper. Diese Farbvariante wurde von Ron Tremper im Sommer 2014 im Gecko Nation Radio bereits als eigenständige Linie bestätigt und fand im update seiner App „LG pro" Anfang 2015 in eigener Kategorie "Neons" Berücksichtigung. Bisher existieren die Varianten **Neon Bell**, **Striped Neon Bell**, **Reverse Striped Neon Bell** und **Neon Radar**. Bis zum Erscheinungstermin des Buches wurden noch keine Nachzuchten abgegeben, Dragoon Geckos erwartet abgabebereite Jungtiere nach der nächsten oder übernächsten Brutsaison (www.facebook.com/pages/Dragoon-Gecko).

Foto: www.geckosetc.com

Paradox
Dies ist keine Farbmorphe, sondern die Bezeichnung für unerwartet aufgetretene, unerklärliche Erscheinungsformen. www.leopardgeckowiki.com bezeichnet schwarze Punkte auf einem amelanistischen Leopardgecko als paradox, da amelanistische Tiere definitionsgemäß keine schwarzen Pigmente produzieren können. Auch **Patternless** sind „zeichnungslose" Tiere, die doch Punkte haben. Paradox sind auch unübliche schwarze oder rote Stellen, die überall auf dem Körper, ob nun Gliedmaßen oder Bauch auftreten können. Ron Tremper (2012) beschreibt, wie hier abgebildet, einen **Paradox Super Galaxy**, eine **Mack Super Snow Eclipse**-Variation mit paradoxem gelbem Punkt am Körper.

Foto oben: www.leopard-gecko-cz.com
Foto unten: David Kreipner

Patternless (auch **Murphy Patternless** genannt)
Bei der nach Pat Murphy benannten Farbform zeigen Jungtiere auf gelbem bis braunem Grund noch eine dunkle Fleckenzeichnung. Diese geht nach etwa 10 Monaten zum adulten Stadium in kaum oder gar nicht mehr erkennbare Flecken auf weißer, gelber, ockerfarbener bis brauner Körperfarbe über. Mit zunehmender Temperatur färben sich die Tiere heller. Morgens nach der Nachtabkühlung sind sie noch am dunkelsten gefärbt. Die rezessiv vererbliche Zucht erfolgt durch Verpaarung mit **Patternless** oder **het. Patternless**.

Foto: www.geckosetc.com

juvenil

Foto: www.facebook.com/sasobekreptiles

Rainwater Albino (auch **Las Vegas strain** genannt)
Auf den Amerikaner Tim Rainwater zurückgehende, amelanistische Albinolinie mit einer eher rosafarbenen Grundfärbung. Die Zeichnung ähnelt den **Tremper Albinos**, ist jedoch meist heller als diese. Die Albinoaugen werden im Alter eher orange als rot. Die ersten Tiere dieser Farbvariante schlüpften 1998.

Foto: www.theurbangecko.com

Red Striped
Entlang der Körperseiten zeigen so benannte Exemplare dunkelorangefarbene bis rötliche Streifen.

Foto: www.leopardgecko.com

RERS
Diese Abkürzung steht für Red-Eye-Reverse-Striped, Tiere mit roten Augen und ausgeprägtem Längsstreifen auf dem Rücken. Diese Morphe besitzt die typischen Merkmale von **Raptor** und **Striped**.

Tremper Albino Reverse Striped

Fotos: http://hessen-leopardgeckos.jimdo.com

Reverse Striped

Diese Erscheinungsform tritt oft bei der Zeichnungsvariante **Jungle** auf. Sie ist jedoch an keine bestimmte Farbmorphe gebunden und tritt durchaus auch in der Albinovariante in Erscheinung. Wie der englische Name impliziert, ist der Längstreifen auf dem Rücken im Gegensatz zur Variante **Striped** farblich invertiert. Der möglichst am Nacken beginnende, farblich deutlich abgesetzte Dorsalstreifen ist bei einigen Tieren an der Schwanzwurzel unterbrochen. Nach Tremper (2012) ist **Reverse Striped** eine der am schwersten über die Generationen aufrechtzuerhaltende Musterung.

Snow Bell Albino

Foto: www.geckosetc.com

Snow

Hierbei handelt es sich um ein Tier aus dem – in den Zuchten nicht etablierten – Versuch, durch (hypoxanthische) Selektionszucht den Gelbanteil so zu reduzieren, dass möglichst nur schwarz-weiße Tiere auftreten. Zu häufig kommen aber noch gelbliche Töne durch. Es gibt eine Klassifizierung von **A-Snows** mit keinerlei, **B-Snows** mit kleinem und **C-Snows** mit mäßigem Gelbanteil

Foto: www.leopard-gecko-cz.com

Speckled

Nach Tremper (schriftliche Mitteilung 2014) bezeichnet der Begriff noch keine eigenständige Farbvariante. Gemeint sind Exemplare mit vielen kleinen bräunlichen bis schwarzen Sprenkeln auf Kopf, Rumpf, Gliedmaßen und Schwanz, was mit dem englischen Begriff „speckled" gemeint ist. In einem Projekt konnte Dragoon Gecko laut eigenen Angaben auf der Homepage jedoch das polygenetisch vererbte Merkmal durch selektive Linienzucht festigen und in andere Farbvarianten einkreuzen.

Juveniler **Striped**

Mack Snow Striped

Fotos: www.trappfoto.de

Striped

Diese Form hat sich aus den **Jungles** entwickelt. Im Idealfall zeigen sie einen bis zur Schwanzspitze durchlaufenden Dorsalstreifen. Nicht durchgehende Streifen sind möglich, man spricht dann von **Broken Striped** oder **Partial Striped**. Normale Ringmuster am Schwanz treten hingegen nicht auf.

Foto: www.leopard-gecko-cz.com

Super Hypo
Variante mit gesteigerten Hypo Merkmalen, d. h. mit nur wenigen schwarzen Flecken auf dem Kopf und gar keinen mehr auf dem Körper. **Super Hypo** entsteht durch Auswahlzucht, indem man fast zeichnungslose Tiere miteinander verpaart.

Fotos: www.trappfoto.de

Super Hypo Tangerine (abgekürzt **SHT**)
Diese **Super Hypomelanistic** Leopardgeckos sind eine erstmals bei Craig Steward aufgetretene Extremform der **Tangerines**, bei denen die Farbe ins extreme Orange bis leichte Rot geht. Es finden sich keine schwarze Flecken auf dem Körper und nur wenige schwarze Flecken auf dem Kopf oder Schwanz.

Foto oben: Dirk Duscha
Foto unten: © morelia1983 - Fotolia.com

Super Hypo Tangerine Albino (abgekürzt **SHTA)**
Die Albino-Form der **Super Hypo Tangerine** zeigt keinerlei schwarze Flecken.

Fotos: www.trappfoto.de

Super Hypo Tangerine Baldy (abgekürzt **SHTB**)
Im Unterschied zu **SHT** ist der Kopf zeichnungslos, kahlköpfig, was der englische Ausdruck bedeutet und schon unter Baldy (*siehe Seite 29*) zuvor beschrieben wurde.

Foto oben: www.trappfoto.de
Foto unten: http://gecko-world.jimdo.com

Super Hypo Tangerine Carrottail (abgekürzt **SHTC)**
In Abgrenzung zu **SHT** ist der Schwanz vom Ansatz bis im Idealfall zur Spitze karottenorange gefärbt. Zwischenzeitlich gibt es diverse **Tangerine**-Linien, die streng genommen alle **SHT** sind und durch ihre charakteristischen Merkmale als jeweils eigene Linie betrachtet werden. Zu nennen wären vor allem **Atomic**, **Blood**, **Blood Hypo**, **Electric Tangerine**, **Firefox**, **Mandarin**, **Tornado** und **Torrid**.

Foto links: http://gecko-world.jimdo.com
Foto rechts: www.leopardgecko.com

Super Tangelo
Diese **Hypo Tangerine** aus der **Tremper-Albino**-Linie sind noch stärker und kontrastreicher gefärbt als **Tangelos** mit ähnlichem Zeichnungsmuster. Die Jungtiere beider Varianten ähneln sich. Bei den **Super Tangelos** füllen sich aber, bei machen Tieren fast vollständig und noch stärker als hier abgebildet, mit zunehmendem Alter die hellen Bänder mit der tangerine-orangen Farbe.

Foto links: www.leopardgecko.com
Foto rechts: http://gecko-world.jimdo.com

Tangelo (auch **Tremper Tangelo** genannt)
Diese von Ron Tremper gezüchtete Farbform zeigt eine weiße Bänderung auf kräftig oranger Körperfärbung. Im Gegensatz zu **Super Tangelos**, denen die Jungtiere gleichen, bleiben die hellen Bänder auch mit zunehmendem Alter erhalten (Tremper, schriftliche Mitteilung 2014). Im Unterschied zu **Sunglows**, denen adulte Tiere gleichen können, weisen sie Kopfmuster auf (Tremper, 2012). Die Augen entsprechen denen von **Tremper Albinos**.

Foto oben: www.trappfoto.de
Foto unten: www.facebook.com/LeRoiLeopardgeckos

Tangerine (auch **Orange**, **Red** oder **Flame** genannt)
Tangerine gefärbte Leopardgeckos haben eine orange-, als Zuchtziel idealerweise mandarinfarbene Grundfärbung. Das typische Fleckenmuster kann ganz oder ansatzweise noch vorhanden sein. Laut Henkel & Schmidt (2009) kommen der **Tangerine** ähnliche Farbvarianten auch gelegentlich in der Natur vor. Die Farbform entstand durch langjährige, strikte, selektive Auswahlzucht geeigneter Tiere.

semiadult

juvenil

Fotos: Dirk Duscha

Tangerine Tremper Albino
Diese Albinos mit oranger, tangerine-farbener Körperoberseite weisen keinerlei schwarze Pigmentflecken mehr auf. Ihre grau oder leicht orange gefärbten Pupillen sind mit feinen, roten Adern durchzogen. Hier abgebildet sind **Giants** der **Tangerine Tremper Albino** Variante.

Foto: http://gecko-world.jimdo.com

Tangerine Tornado
Ähnlich den **Electric Tangerine** von Kelli Hammack züchtete Craig Steward aus den **Super Hypo Tangerine** eine extrem kraftig orange bis rot gefärbte Form. Die meisten der von ihm so benannten **Tornados** besitzen einen intensiv gefärbten **Carrottail**.

Tremper Albino Super Giant

Foto: www.facebook.com/LeRoiLeopardgeckos

juvenil

Foto: Daniel Bohle

Tremper Albino (auch **Texas strain** genannt)
Amelanistische Albinolinie des Amerikaners Ron Tremper, bei der die Tiere schon wenige Tage nach dem Schlupf die roten Augen verlieren. Die Augen der Form neigen zu silberner Farbe. Die Pupillen sind markant hell und mit auffallend roten Adern durchzogen. Die Jungtiere sind überwiegend rosa gefärbt, im Alter färben sie sich gelb bis orange. Die ersten Tiere dieser Farbvariante schlüpften 1996 und wurden 1999 erstmals angeboten.

Foto oben: www.theurbangecko.com
Fotos unten: www.geckodaddy.com

juvenil

TUG Snow
„**T**he **U**rban **G**ecko" **Snow** ist die dritte der drei offiziellen „Linien" der Line-bred Snows, die nicht mit **Mack Snows** verwandt sind. Ursprung war eine in die Hände von Craig Stewart gelangte Wildfanggruppe, mit der durch Selektionszucht Tiere mit einer sehr hohen Weißfärbung und wenigen schwarzen Flecken gezüchtet wurde. Die axanthische Veranlagung für wenig bis gar kein Gelb im Jugendalter vererbt sich in allen 3 Linien dominant (Hassler, schriftl. Mitteilung 2015). Aus der Verpaarung von **Line-bred Snows** entstehen keine **Super Snows**, wie sie bei den **Mack Snows** auftreten.

Foto links: http://hessen-leopardgeckos.jimdo.com
Foto rechts : www.theurbangecko.com

juvenil

White & Yellow (auch **W&Y** oder **W/Y** geschrieben)
Diese zunehmend beliebte und sich verbreitende Farbform soll ursprünglich zufällig in Weißrussland innerhalb einer Wildfanggruppe (Tremper, 2012) aufgetreten sein. Früher wurde zum Teil die Bezeichnung **Calcio** verwendet (Jürgen Wagner, schriftliche Mitteilung). Die Farbvariante erinnert an **Enigmas**, ohne jedoch deren neurologische Auffälligkeiten aufzuweisen (www.jp-reptiles.de). Die Augen zeigen teilweise eine transparent grau-blaue Iris. Typisch ist ein heller Streifen vom Auge zum Nasenloch. Über den Rücken zieht sich ein Dorsalstreifen. Die Vorderbeine sind komplett weiß oder leicht gelb gefärbt. Markant sind auch die weißen Körperseiten. Am Schwanzansatz finden sich meistens orangefarbene Ringe.

Mack Snow Bold Striped
Foto: www.sunsetgeckos.ch

Foto: www.geckosetc.com

Abyssinian (auch **Ab** oder **AB** abgekürzt)
Von dieser 2005 entstandenen Kombinationszucht aus den Morphen **Eclipse** und **Raptor** hat Ron Tremper über 100 Tiere gezüchtet, die annähernd gleich aussehen. Auf dem gelblichen Körper fehlt Schwarz, adulte Exemplare zeigen braune Sprenkel auf dem oft blassfarbenen Schwanz. Die Augen weisen rote Adern auf, die sich selbst bei snake-eyed im normal gefärbten Teil der Augen zeigen. Das interessante an den Tieren ist nach Tremper (2012), dass sie „Gen-Aufspalter“ zu sein scheinen, da sie in der Zucht mit anderen Morphen bereits in der ersten Generation neue, schöne und unübliche Zeichnungen und Farbkombinationen hervorbringen.

Foto links: www.geckosetc.com
Foto rechts: www.trappfoto.de

Aptor (auch **A.P.T.O.R.** geschrieben)
Die Abkürzung steht für „**A**lbino **P**atternless **T**remper **Or**ange“. Es handelt sich um nur noch schemenhaft auf kräftig gelborangem Körper gezeichnete Tiere, die durch Farb- und Zeichnungskombinationszucht erstmals bei Ron Tremper entstanden sind. Teilweise weisen sie **Carrothead**- oder **Carrottail**- Charakteristika auf. Besonders attraktiv sind aus Kombinationszucht erzielte **Red Striped Aptor**.

Fotos: www.sprept.com

Aurora

So werden die Kombinationszuchten aus **White & Yellow** und **Bell Albino** genannt. Der Name **Aurora** (Polarlicht) wurde gewählt, da auf Gliedmaßen und Schwanz oft ungewöhnlich blau-rosa Färbungen zu erkennen sind. In der Körperzeichnung ist das Erbe der **White & Yellows** sichtbar, aus dem amelanistischen **Bell Albino**-Erbe stammen die hellen Augen mit kontrastreichen, roten Adern.

juvenil

Foto links: www.facebook.com/sasobekreptiles
Foto rechts: http://gecko-world.jimdo.com

Black Hole

Diese Farbvariante wurde von Alberto und Mary Cadolini von A&M Gecko (www.amgecko.com) durch die Kombination aus **Mack Snow**, **Eclipse** und **Enigma** gezüchtet und so benannt erstmalig 2007 vorgestellt. Die schwarze Fleckenzeichnung der Jungtiere bildet sich mit zunehmendem Alter zurück. Das blässliche Farbmuster der adulten Tiere unterscheidet sich bedingt durch das **Enigma**-Gen. Ihre Grundfarbe von Kopf, Rumpf, Gliedmaßen und Schwanz ist weißlich. Die Augen sind komplett schwarz oder snake-eyed.

Fotos: http://gecko-world.jimdo.com

Blazing Blizzard
Schneeweiße, zeichnungslose Tiere ohne differenziertes Jugendkleid. Sie entstehen aus der Verpaarung von **Blizzard** und einer der drei amelanistischen Albino-Linien in der F2-Generation. Die Ausprägung der Augenfarbe entspricht dem Erbe der jeweiligen albinotischen Linie.

Fotos: www.leopard-gecko-cz.com

Cyclone
Diese Farbform entspricht **Ember**, ist aber aus der **Rainwater-Albino**-Linie anstatt aus der **Tremper Patternless Albino**-Linie gezüchtet worden.

juvenil

Foto links: www.amgecko.com
Foto rechts: http://hessen-leopardgeckos.jimdo.com

Dalmatian
Erstmals 2007 von Jeff Galewood aus **Mack Super Snow** und **Enigma** gezüchtete Farbform. Die Tiere mit weißer Grundfarbe und komplett schwarzen Augen zeigen auf dem gesamten Körper eine schwarze Punktmusterung. Aus zunächst kleinen Punkten wurden mit der Zeit dalmatinerähnliche Farbflecken herausgezüchtet.

juvenil

Foto oben: www.facebook.com/LeRoiLeopardgeckos
Foto unten: Dirk Duscha

Diablo Blanco (auch **White Devil** genannt)
Im Idealfall von der Nasen- bis zur Schwanzspitze rein weiße Leopardgeckos mit leuchtend, komplett roten Augen, die Ron Tremper aus der Kreuzung von **Blazing Blizzard** und **Raptor** gezüchtet hat. Auch Snake-eyes können auftreten. Ron Tremper (2012) merkt an, dass Spuren von geringem Gelb zunächst noch auftreten können, aber bei der Linienzucht mit den Generationen verschwinden.

Foto: www.theurbangecko.com

Dreamsickle
Diese Farbvariante ist die Albino-Version des **Black Hole** und entsteht aus der Verpaarung der Nachkommen aus der Kombination von **Mack Snow Enigma** und **Raptor** (Tremper, 2012). Die schwach gefärbten Albinos mit orangefarbenen Körpersprenkeln können mit komplett roten Augen oder snake-eyed auftreten. Auf dem Rücken treten unregelmäßig verteilt, teils ungeschlossene, kreisförmige Zeichnungen auf, worauf sich der englische Begriff „sickle", übersetzt „Sichel", bezieht.

Fotos: www.leopard-gecko-cz.com

Ember
Diese Kombinationsmorphe ist, wie Tremper (2012) beschreibt, aus der Verpaarung von **Raptor** mit **Tremper Patternless Albino** und Rückkreuzung der doppelt heterozygoten Tiere entstanden. Sie haben einen gelblichen, zeichnungslosen Körper mit hellem Kopf und Schwanz. Manche Tiere zeigen Orangetöne an der Schwanzwurzel. Die Augen sind komplett rot oder snake-eyed.

Foto: www.geckosetc.com

Firewater
Diese Farbvariante entsteht durch die Verpaarungen der Nachzuchten von **SHTC** mit **Rainwater Albinos**. Diese Folgegeneration zeichnet sich durch eine intensive, orangene Körperfärbung mit roten Akzenten aus. Weitere Merkmale dieser Variante sind zum Beispiel eine mögliche Körperbänderung, eine intensive Kopfzeichnung sowie ein **Carrottail**.

juvenil

Foto links: www.biotropics.com
Foto rechts: www.fototrapp.de

Hybino (auch **Hypo Albino** genannt)
Durch Farb- und Zeichnungskombinationszucht entstanden, zeigen die blassgelben Tiere bei noch vorhandenen Flecken braune statt schwarze Farben. **Hybinos** sollen zuerst im Jahr 2000 von Ray Hine selektiv mit wenig gezeichneten Tieren mit starkem Orangeanteil gezüchtet worden sein. Die Zucht kann mit jedweder der drei albinotischen Linien in Verpaarung mit einem **Super Hypo Tangerine** erfolgen; **Hybinos** entstehen aus Rückkreuzung in der zweiten Generation. Laut www.der-leopardgecko.net wird teils fälschlich die Bezeichnung **Sunglow** verwendet. Letztere sind viel farbintensiver.

Fotos: www.amgecko.com

Hyglo

Diese Farbvariante ist das Ergebnis jahrelanger, selektiver Zucht aus **Tangerine Banded**, **Jungle**, **Striped** and **Reverse Striped Albino** durch A&M Gecko. Die **Tangerine**-Färbung des Körpers beträgt mindestens 90 %. Das kontrastreiche Spiel der zarten Cremefarben mit kräftigem Rot machte die Variante bis zum einsetzenden Hype um die **Aptor** und **Raptor** bis etwa 2007 sehr beliebt. Derzeit werden keine **Hyglos** mehr angeboten. Dragoon Gecko konnte einige der letztverkauften Tiere von Alberto Cadolini erwerben und widmet sich ambitioniert dem Zuchtprojekt **Hyglo** und **Giant Hyglo**.

Foto: www.theurbangecko.com

Lavender Striped

Diese Farbvariante wurde aus der Verpaarung von **Lavender** und **Red Striped** entwickelt. Durch selektive Zucht hat sich die Morphe zu ganz besonders aussehenden Geckos entwickelt. Die Tiere präsentieren eine lebendig gelbe Hintergrundfärbung und zwei über den Rücken verlaufende lavendelfarbige Streifen. Nur die besten Tiere dieser Variante behalten ihre einzigartige **Lavendel**-Färbung größtenteils bis ins Erwachsenenalter.

Foto: www.leopard-gecko-cz.com

Mack Pastel
Diese Form entsteht bei der Zucht von **Mack Snows**. Die Gelbtöne stellen bei **Mack Pastel** eher eine blasse Hintergrundfärbung dar. Kopf, Schwanz und Partien des Rückens können weiß oder gräulich lilafarben sein.

Foto: www.fototrapp.de

Mack Snow Bell
Wie der Name verrät, ist dies eine Kombination aus **Mack Snow** und **Bell Albino**. Beim Schlupf sind die Jungtiere weiß und rosa, aber ohne gelbe Anteile.

Foto: http://hessen-leopardgeckos.jimdo.com

Mack Snow Raptor
Diese Farbform vereint vier genetische Merkmale und wird aus der Verpaarung von **Mack Snow**, **Tremper Albino**, **Eclipse** und **Patternless Stripe** oder vereinfacht **Raptor** und **Mack Snow** gezüchtet. Juvenile Tiere sind weiß gefärbt, adulte Tiere entwickeln das **Raptor**-Muster. Die Augen sind rot.

Fotos: www.leopard-gecko-cz.com

Mack Super Snow Blizzard
Cremeweiße bis beigegräulich gefärbte Tiere, die aus der Kombination der Merkmale von **Blizzard** und **Mack Super Snow** entstehen.

Foto: www.leopardgecko.com

Mack Super Snow Murphy Patternless
Diese Variante trat erstmalig bei Tremper auf, welcher aufgrund der unerwarteten Optik aus der Kombination den Namen **Super Platinum** vergab. Das hier abgebildete, als erste entstandene Weibchen zeigt eine silbrige Körperfarbe ohne jegliche gelbe Ansätze und mit komplett schwarzen Augen. Auf seiner Homepage www.leopardgecko.com weist Tremper darauf hin, dass Nachzuchten später silber, grau, braun oder zimtfarben werden können.

juvenil

Foto oben: www.fototrapp.de
Foto unten: www.geckosetc.com

Nova
Diese Kombination aus **Enigma** und **Raptor** stellte A&M Gecko, die inzwischen das Züchten aufgegeben haben, erstmalig 2007 vor. Auch hier variiert bedingt durch das **Enigma**-Gen Farbe und Musterung von Kopf und Rumpf. Die Bandbreite reicht von verblasster, heller bis oranger Farbe mit variablem Muster. Die Schwanzfarbe ist überwiegend weiß. Durch das **Raptor**-Gen sind die Augen rot. Die Kombination aus **Super Snow Enigma** und **Raptor** wird hingegen **Super Nova** genannt.

Foto oben: www.leopardgecko.com
Foto unten: www.ldragoongecko.com

Pastel Raptor

Wie Ron Tremper auf seiner Homepage leopardgecko.com informiert, ist das **Pastel**-Gen unabhängig von **Tremper Albinos**. **Pastel Raptor** hat Tremper hellfarbige **Raptor**-Nachzuchten von drei blaubäuchigen, **Blue bellies** genannt. Diese 2008 aufgetretenen Tiere verloren ihre Blaufärbung innerhalb der ersten acht Wochen. Leider verstarb das für die Zucht so wertvolle Männchen einjährig und warf das Projekt mit zwei verbliebenen Weibchen zeitlich zurück. Mit wenig anderen integrierten Blutlinien wurde seitdem versucht, türkisblaue Geckos zu züchten. Da zwei der ersten **Blue bellies** gebänderte **Raptor** waren, sind die meisten **Pastel Raptors** ebenfalls gebändert, (**Banded**), wobei auch **Patternless**, **Striped** und **Jungle** auftreten. Zusammen mit dem Feedback von Züchtern, an die ab 2012 Tiere abgegeben wurden, ist von einem **Pastel**-Gen auszugehen, bei dem weitere Zucht zeigen muss, ob es sich als dominant herausstellt. Das Gen verstärkt laut Tremper (2012) in der eingekreuzten Morphe spektakulär die Farbpigmente, insbesondere Lavendertöne. Den Effekt beschreibt ein Züchter, als wenn eine Schmutzschicht beseitigt würde und die reinen und kräftigen Farben zum Vorschein kämen. Verpaart man **Pastel** untereinander vergleicht Tremper (2012) das Farbergebnis mit dem Sprung von analogem zu HD Fernsehen.

Blue Belly

Foto: www.dragoongecko.com

Patternless Tremper Albino

Patternless Rainwater Albino

Foto links: www.leopardgecko.com
Foto rechts: www.leopard-gecko-cz.com

Patternless Albino
Zeichnungslose Albinos mit gelbem Körper und rosafarbenem Schwanz, die aus der Kreuzung von **Patternless** und **Albinos** der Bell-, Tremper- und Rainwater-Linie in der F2-Generation hervorgehen. Nach Tremper (2012) können die Farben nachts aufhellen. Die gräulichen Augen sind mit roten Adern durchzogen.

juvenil

Foto links: www.leopardgecko.com
Foto rechts : www.fototrapp.de

Radar
Diese Farbform ist die **Bell Albino**-Version des **Raptors**. Die sehr farbintensiven Tiere haben einen orangefarbenen Körper und komplett rote Augen oder sind snake-eyed. Die **Snow** Variante wird **Stealth** genannt, die **Super Snow** Variante **Super Stealth**.

Fotos: Dirk Duscha

Raptor (auch **R.A.P.T.O.R** geschrieben)
Den **Aptor** ähnliche Farb- und Zeichnungskombinationszuchten, die sich von diesen durch rote Augen vom Schlüpfling bis zum adulten Tier unterscheiden. Das vorangestellte R steht für ruby red eyes. Ebenso können snake eyes vorkommen.

Fotos: http://gecko-world.jimdo.com

Sunglow
Diese Leopardgeckos sind besonders farbintensiv. Besonders das Orange ist stark ausgeprägt und scheint, wie der englische Name sagt, wie die Sonne zu glühen. Der orangefarbene Kopf ist zeichnungslos. Die Farb- und Zeichnungskombination aus **Super Hypo Tangerine Carrottail Baldy** und **Tremper Albino** wurden erstmalig von Craig Stewart gezüchtet. **Sunglows** lassen sich aus allen drei amelanistischen Linien züchten. Weiße Flecken auf dem Rücken kommen vor, sind aber kein Unterscheidungskriterium.

Foto: www.leopardgeckos94.de

Super Blood
Eine intensiv rot-orange Farbe zeigt in der Kombination mit Weiß einen einzigartigen Farbkontrast. Die von Ron Tremper als „lebende Zuckerstangen“ bezeichneten Tiere sind **Tremper Sunglow Enigma** aus der **Blood Hypo**-Linie; die Bezeichnung „Super“ bezieht sich in diesem Fall nicht auf Kodominanz (Tremper, 2012).

Fotos: http://gecko-world.jimdo.com

Super Diorite
Diese Farbform ist nach Tremper (2012) keine Kombination unterschiedlicher Morphen, sondern eine einzigartige kodominant vererbte Mutation aus der **Mack Super Snow**-Linie. **Super Diorites** untereinander gekreuzt ergeben ausnahmslos wieder **Super Diorites**. Ähnlich dem namensgebenden Mineralgestein finden sich bei den Tieren über den Körper verteilt zahlreiche kleine braune Punkte. Während in der Körperzeichnung die schwarze Farbe gänzlich fehlt, sind die Augen, ein Erbe aus der **Mack Super Snow**-Abstammung, komplett schwarz. Das Ergebnis der Kombination mit irgendeiner anderen Morphe schlägt Tremper (2012) vor, **Snow Diorite** zu nennen. Aus Kombination mit einer **Hypo**-Morphe nennt sich das Ergebnis **Snow Diorite Hypo**.

Foto links: http://gecko-world.jimdo.com
Foto rechts: www.geckosetc.com

Super Galaxy
Die **Mack Super Snow Eclipse**-Mutation zeichnet sich durch ein weißes Gesicht, eine weiße Oberseite der Gliedmaßen, weiße Schwanzspitze und komplett schwarze Augen aus. Teilweise wird die Bezeichnung **Galaxy** synonym verwendet (Tremper, schriftliche Mitteilung 2014). Nach Tremper (2012) sollten die Kreuzungen mit anderen Morphen **Snow Galaxy** bezeichnet werden. Einige Tiere, siehe rechte Abbildung, zeigen als **Pied Super Galaxy** weiße Nackenringe.

Foto: www.theurbangecko.com

Super Hypo TUG Snow
Diese Variante entsteht aus einer Kombination eines **TUG Snow** und eines **Super Hypo Melanistic**. Eine Superform, wie sie bei den **Mack Super Snows** auftritt, gibt es bei dieser Morphe nicht. Durch Selektionszucht wird versucht, den Weißanteil der Tiere zu erhöhen und die schwarzen Punkte zu reduzieren.

Fotos: Yvonne & René van den Brand, Brand New Geckos

Super Raptor (auch **Super R.A.P.T.O.R.** geschrieben)
Diese Variante vereint vier spezifische Merkmale: **Mack Super Snow**, **Tremper Albino**, **Eclipse** und **Patternless Striped**. Mit weißer Körperfarbe und ihren roten Augen ähneln diese Geckos den **Diablo Blancos**. Hier ist es zur einwandfreien Bestimmung erforderlich, die Abstammungslinie zu kennen. Allein optisch sollen sich die **Super Raptor** anhand des grazileren Nackens vom **Diablo Blanco** unterscheiden lassen (Tremper, 2012). Einige Tiere dieser Morphe zeigen im Gegensatz zum schneeweißen Erscheinungsbild das auf dem Foto erkennbare Rückenmuster.

Foto: http://hessen-leopardgeckos.jimdo.com

Super Snow Albino
Diese Farbform entsteht, wenn man **Mack Snows** mit einer der drei amelanistischen Linien von Tremper, Bell oder Rainwater kombiniert. Entsprechend heißen die Formen **Super Snow Tremper Albino** (wie hier abgebildet), **Super Snow Bell Albino** oder **Super Snow Rainwater Albino**. Die Farbform ähnelt **Super Snows**. Sie unterscheidet sich durch das Fehlen der schwarzen Pigmente und das Vorhandensein tiefroter Augen.

Foto: www.geckosetc.com

Super Snow Radar
Diese Farbvariante trägt kodominante **Mack Snow**-, rezessive **Bell Albino**- und **Eclipse**-Gene. Die Tiere haben eine weiße Grundfarbe und komplett rote Augen.

Foto: www.theurbangecko.com

Super Typhoon
Die Tiere sind komplett weiß, auf dem Rücken und den Oberseiten der Gliedmaßen finden sich keine gelblichen Partien mehr. Die Form ist das Ergebnis der Rückkreuzung aus der Kombination von **Typhoon** mit **Mack Super Snow**. Von Letzteren vererbt stammt die schwarze Augenfarbe, welche die **Raptor**-Veranlagung des **Typhoon** dominiert (Tremper, 2012). Werden die Tiere mit anderen als **Snow**-Morphen verpaart, sollte das Ergebnis nach Tremper (2012) **Snow Typhoon** genannt werden.

Foto: http://reptile-base.jimdo.com

Tangerine Striped
Die Kombination von **Tangerine** und **Striped** hat gelborangefarbene Tiere mit zwei dunklen Längsstreifen hervorgebracht. Das hier abgebildete Exemplar weist zusätzlich einen karottenfarbenen Schwanz auf, müsste also korrekt **Tangerine Striped Carrottail** heißen.

Foto: www.fototrapp.de

Tremper Albino Mack Super Snow
Diese Tiere stammen, wie der Name unschwer erkennen lässt, aus der Verpaarung von **Tremper Albino** und **Mack Super Snow**. Die zeichnungslos geschlüpften Jungtiere zeigen ab etwa 12 cm Größe eine schwache Zeichnung. Abhänging von der Inkubationstemperatur können die Pigmente bis ins Alter von 10 Monaten stark dunkeln (Tremper, 2012). Die Augen der Variante sind dunkelrot.

juvenil

Foto: www.leopard-gecko-cz.com

Typhoon
Umgangssprachlich auch die **Rainwater Albino**-Version des **Raptors** genannt, entsteht die Variante aus der Kombination von **Rainwater Albino**, **Eclipse** und **Patternless**. Auf dem Rücken und den Oberseiten der Gliedmaßen zeigt sich eine gelbliche Grundfärbung mit mehr oder weniger dezent auftretender, bräunlicher Körperzeichnung. Die hellen Tiere zeigen komplett rote Augen oder snake-eyes.

Foto unten: www.dragoongecko.com

W&Y Red Striped
Dem **W&Y-**Gen wird eine aufhellende Wirkung zugesprochen. Unter diesem Aspekt scheint das Ende diverser, farbenprächtiger Kombinationszuchten noch lange nicht erreicht zu sein. Eine der bisher eindruckvollsten Kombinationen, wie hier abgebildet, ist die Kreuzung mit **Red Striped**.

Tremper Albino
Mack Super Snow

Foto: Maurice Jandausch

Auf ein Wort

Zur Selektionszucht herrschen unterschiedliche Meinungen. Es gibt Argumente dafür und dagegen. Fakt ist, dass gerade durch die sehr ansprechenden Farbzuchten viele Interessierte zu diesem faszinierenden Hobby finden und durch den dadurch erhöhten Anteil an Nachzuchten (NZ) der Entnahme aus der Natur entgegengesteuert wird. Damit tragen also Leopardgeckofarbzuchten, ebenso wie die Nachzuchten von wildfarbenen Elterntieren, nicht unwesentlich zum Schutz der natürlichen Bestände bei. Nachteile dieser Selektionszucht sehen Kritiker unter anderem darin, dass immunsupprimierte, das heißt abwehrgeschwächte Farbzuchten gegenüber Krankheiten anfälliger sein sollen (Biron, 2007) sowie im Ausdünnen des Genpools.

Bei der Farbmorphe **Enigma** hat man, wie bereits erwähnt, mittlerweile erkennen müssen, dass es Grenzen bei der Zucht gibt. So treten teilweise nicht eigenständig lebensfähige und stark sehschwache oder neurologisch erheblich gestörte Tiere auf. Auch verschiedene Formen der **Bell Albinos** wie **Radar** zeigen bei einigen Haltern Verhaltensauffälligkeiten. Ein nicht geringer Teil dieser Morphe kneift bereits unter normalen Lichtverhältnissen die Augen zusammen. Daher werden auch bei ihnen Sehstörungen vermutet. Verantwortungsvolle Züchter sollten generell zum Wohle der Tiere auf Zuchtprojekte mit kritischen Varianten verzichten.

Wer neu in die Farbzucht einsteigen möchte, sollte sich über Voraussetzung und Konsequenzen Gedanken machen, wie die Zuchtexpertin Rebecca Hassler von Dragoon Gecko zu Recht anmerkt. Der Markt ist mit herkömmlichen Farbvarianten mehr als gesättigt. Geld kann man damit kaum noch verdienen, die Motivation sollte eher die Erhaltung einer Farbmorphe sein, wie das beim erwähnten Projekt Hyglo der Fall ist. Wollen Sie sich auf eine bestimmte Farbmorphe spezialisieren, sparen Sie beim Aufbau der Zuchtgruppe nicht am falschen Ende. Wie stehen die Kosten der Anschaffung im Verhältnis zu denen jahrelanger Haltung und Ernährung? Was nützen billig eingekaufte Ghost oder Lavender, die ihre markanten Eigenschaften nicht vererben können? Züchten heißt, Verantwortung zu übernehmen; sowohl für die Tiere als auch für die späteren Abnehmer. Zahlreiche Käufer stellen immer noch fest, dass ihre günstig erworbenen Tiere dem Namen Tangerine Electric nicht gerecht werden, wenn sie das erste Mal Tiere aus einer Qualitätszucht sehen.

Geschlechtsunterscheidung

Eine Geschlechtsbestimmung ist bei adulten Leopardgeckos auch für den Anfänger einfach. Die Gattung *Eublepharis* neigt zwar zu keinem besonders stark ausgeprägten Geschlechtsdimorphismus, meist ist aber schon bei männlichen Geckos ein etwas größerer Kopf und ein verbreiterter Nacken zu erkennen. Weitere sichere Unterscheidungsmerkmale betrachtet man in durchsichtigen Plastikboxen von unten, was den Tieren den Stress des Umdrehens auf die Bauchseite erspart. Ein erstes Merkmal sind die Präanalporen. Diese finden sich bei beiden Geschlechtern auf der Körperunterseite oberhalb der Kloake. Bei den männlichen Leopardgeckos sind diese Poren in der Regel viel deutlicher ausgebildet und besitzen zentral eine Öffnung, aus der ein Sekret abgesondert wird. Auch bei einigen Weibchen können diese Poren in Einzelfällen stärker ausgeprägt sein. Sie sind allerdings nie aktiv und sondern kein Sekret ab. Durch dieses Merkmal können mit einer starken Lupe bereits wenige Monate alte Jungtiere geschlechtsbestimmt werden. Ebenfalls ein sicheres Erkennungsmerkmal sind die bei ausgewachsenen männlichen Leopardgeckos deutlich sichtbaren Hemipenestaschen, die als Verdickungen beiderseits der Schwanzwurzel liegen. Die Geschlechtsreife kann bei den Weibchen schon im Alter ab 10 Monaten eintreten. Sie sollten aber frühestens im Alter von zwei Jahren und nach der zweiten Winterruhe zu einem Männchen gesetzt werden, damit sie eine ausreichend gute körperliche Verfassung erlangen können. Das Nachstellen der Männchen, Trächtigkeit und Mehrfachgelege sind für die Weibchen sehr kräftezehrend.

Männchen, verglichen mit gleich alten Weibchen, wirken insgesamt kräftiger.

Fotos: www.reptilica.de

Weibchen entwickeln einen weniger breiten Kopf und einen schmaleren Nacken.

Foto: David Kreipner

Männchen sind gut an den größeren Präanalporen, den größeren Postanalsäckchen und den Schwellungen der Hemipenestaschen zu erkennen.

Foto: Daniel Bohle

Die Weibchen zeigen kleinere Postanalsäckchen und normalerweise deutlich kleinere Präanalporen. In Einzelfällen können sie jedoch stärker ausgeprägt sein.

Verhalten

Leopardgeckos können Menschen gegenüber recht zutraulich werden. Eine anfängliche Scheu geht oft schnell verloren. Um Leopardgeckos untereinander im Terrarium artgerecht halten und pflegen zu können, ist es wichtig, einiges über ihre Lebensweise, ihre Aktivitätszeit, ihr Verhalten und die soziale Zusammensetzung unter natürlichen oder naturnahen Bedingungen zu wissen.

Leopardgeckos sind dämmerungs- bzw. nachtaktive Tiere. Ihre Hauptaktivitätszeit beginnt mit dem Einsetzen der Dämmerung zunächst mit der Nahrungssuche (KHAN, 2006). Unter Terrarienbedingungen sind die Tiere auch am Tage, z. B. während der Fütterung (nach Abschalten des Lichts), zu beobachten, wobei auch hier die Hauptaktivitätszeit erst mit dem Ausschalten der Terrarienbeleuchtung beginnt. Jetzt beginnen sie bei der Jagd nach Beute, bedacht das Terrarium zu durchstreifen. Haben sie ein Futtertier entdeckt, pirschen sie sich an die Beute heran. Beim Beobachten der Jagd fällt auf, dass Leopardgeckos zusätzlich ihren Geruchssinn nutzen.

Foto: David Kreipner

Wie Katzen auf der Lauer mit der Schwanzspitze über den Boden wedeln, vibriert bei den Geckos die Schwanzspitze beim Innehalten, bevor sie die Beute schnappen.

Foto: Daniel Bohle

Das Treffen auf Beute löst, ähnlich wie das Treffen auf Partner, Reaktionen wie Lecken mit der Zunge über das Maul oder Reiben der Lippenränder am Boden aus.

Auch für die Jagd in der Nacht sind Leopardgeckos anatomisch bestens ausgestattet. Dabei dienen ihnen zum Beispiel ihre hoch entwickelten Augen. Durch das Vergrößern oder Verkleinern der Pupille ist es ihnen möglich, zur Verfügung stehendes Restlicht zu nutzen. Selbst bei schwachen Lichtverhältnissen können sie Futter, Feinde und Partner noch über weite Entfernungen erkennen. Ihre Augen reinigen Leopardgeckos, indem sie hin und wieder mit

der Zunge darüber fahren oder die Augen an Gegenständen reiben.
Die regelmäßige Häutung kündigt sich zunächst durch die Trübung der Farben an, dann wird die Haut immer heller grau. Durch Reiben an rauen Gegenständen beginnt sich die Haut zu lösen und kann dann mit dem Maul abgezogen werden. In der Regel fressen Leopardgeckos ihre alte Haut auf. Fraglich ist, ob dieses Verhalten in erster Linie als zusätzliche Nährstoffquelle dient oder dazu, zum Schutz vor Fressfeinden Anwesenheitsspuren zu beseitigen.

Foto: Lisa Einsfelder

Dieses Foto zeigt einen blassgrauen Leopardgecko kurz vor der Häutung.

Leopardgeckos gewöhnen sich an, immer an der gleichen Stelle zu koten. Erfreulich, wenn Ecken des Terrariums mit erhöhtem Bodensubstrat angenommen werden. Meist sind die höchsten Plätze im Terrarium überhaupt beliebt. Einmal eingerichtete Kotplätze werden in der Regel von allen Gruppenmitgliedern angenommen. Abweichler können Sie versuchen, durch Umdekoration umzugewöhnen.

Praxistipp: Bei Neubesatz eines Terrariums mit Leopardgeckos stehen die Chancen nicht schlecht, dass Sie einen Kotplatz bestimmen können, indem Sie mitgebrachten Geckokot an der von Ihnen dafür gewünschten Stelle platzieren.

Das Sozialverhalten von *Eublepharis macularius* unterscheidet sich mit dem Geschlecht. Männliche Leopardgeckos sind sehr territorial. Sie verfügen über ein festes Revier, welches sie mit Duftstoffen markieren. Dazu drücken Sie den Kloakenbereich an den Boden und bewegen den Hinterleib hin und her, während aus den Präanalporen Duftstoffe abgegeben werden. Gegen andere männliche Artgenossen wird das abgesteckte Revier verteidigt. In freier Natur geht dieses ohne größere Verletzungen beider Kontrahenten aus. KHAN (2006) gibt hierzu an, dass Leopardgeckos, je nach Alter und jahreszeitlichen Aktivitätszyklen, mehr oder minder in Gruppen, sogenannten Kolonien, zusammenleben. Mit zunehmendem Alter und einsetzender Geschlechtsreife teilen sich diese Gruppen. Die Haltung im Terrarium bestätigt die Ansicht, dass Leopardgeckos ihren Einzelgängercharakter behalten. Das Antreffen von Gruppen von einzelnen Männchen mit mehreren Weibchen in der Natur darf man nicht als engen Verbund interpretieren: Männchen akzeptieren sich nicht, Weibchen werden lediglich geduldet.

Verschärft gilt das für die Haltung im Terrarium: Männliche Leopardgeckos können nicht zusammen gehalten werden. Mangels Flucht- und Ausweichmöglichkeiten führen die stetigen und heftigen Kämpfe bis zum Verlust eines der beiden Kontrahenten. Weibliche Leopardgeckos sind in ausreichend großen Terrarien in aller Regel anderen Weibchen als auch männlichen Geckos gegenüber verträglich. Eine Vergesellschaftung von mehreren Weibchen ist im Terrarium meistens kein Problem. Hin und wieder kann es unter weiblichen Leopardgeckos zu Unstimmigkeiten kommen. Diese sind in aller Regel recht harmlos und nicht lang anhaltend. Verhält sich ein Weibchen zu territorial, kann die Neustrukturierung der Dekoration Abhilfe schaffen, da alte Reviergrenzen entfallen. Kommt es in Ausnahmefällen weiterhin zu Unverträglichkeit mit vielleicht sogar ernstzunehmenden Verletzungen, so kommt auch hier nur die getrennte Haltung in Frage.

Die Mehrzahl der Züchter sieht es als vorteilhaft an, ein Männchen mit zwei und mehr Weibchen als Gruppe zu halten. Dadurch wird gewährleistet, dass sich einzelne Weibchen den permanenten Nachstellungen eines Männchens entziehen können.

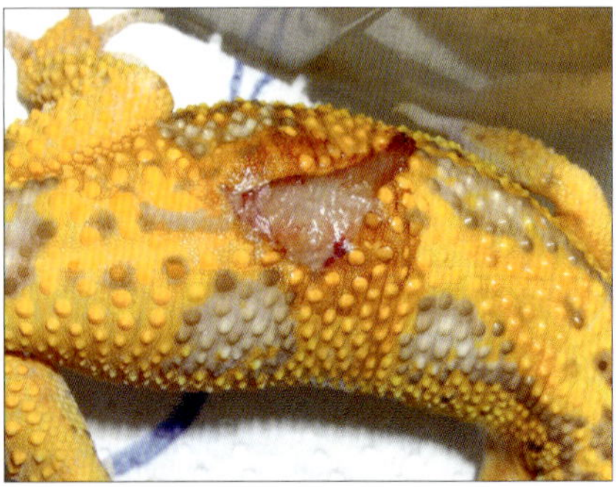

Foto: Maren Andres

Ab der Haltung von zwei Tieren muss ein Ausweichterrarium oder Quarantänebehälter für Notfälle wie diese Bissverletzung vorhanden sein.

Paarweise sollten Leopardgeckos nur zur Zucht zusammengesetzt werden. Stress und Trächtigkeit schwächen auf Dauer Konstitution und Farbintensität.

Adulte Tiere müssen sich schon sehr bedroht fühlen, dass es bei ihnen noch zu Lautäußerungen kommt. Foto: Daniel Bohle

Schafft man sich erstmalig Leopardgeckos an und verfolgt keinerlei Zuchtinteressen, kann die Einzelhaltung eines Männchens oder die Haltung einer reinen Weibchengruppe eine Alternative sein (Hassler, schriftl. Mitteilung 2015). Wie erwähnt sind Männchen in der Natur Einzelgänger. In Weibchengruppen entstehen die oft zu frühen, meist ungewollten und auf Dauer kräftezehrenden Vermehrungen erst gar nicht. Wichtig ist den Autoren jedoch an dieser Stelle anzumerken, dass dies nicht als Aufruf missverstanden werden soll, harmonisch bestehende Gruppen auseinanderzureißen.

In gemischtgeschlechtlicher Gruppenhaltung während der Aufzucht beginnen die Unverträglichkeiten unter den männlichen Tieren ab dem Alter von etwa einem halben Jahr. Die Männchen müssen dann separiert werden.

Foto: David Kreipner

Junge Leopardgeckos können bis zu einem Alter von ca. 6 Monaten zusammen gehalten werden.

Jungtiere geben bei Störungen durch den Pfleger übrigens ihren Unmut durch lautes Kreischen kund. Unterstützt wird dieses Verhalten unter anderem mit dem Aufrichten des Körpers und Schwanzes, um größer zu erscheinen. Auf dieses Verhalten müssen Sie auch achten, wenn Sie Jungtiere dem Brutgerät entnehmen. Seien Sie auf plötzliches und lautes Kreischen seitens der Jungtiere vorbereitet.

Praxistipp: Eine Vergesellschaftung von Jungtieren mit ihren Eltern im Terrarium kommt nicht in Frage. Leopardgeckos fressen in der Natur kleinere Echsen und verhalten sich kannibalisch.

Terrariengröße und -typ

Zunächst stellen sich zwei Fragen. Die erste lautet: Wie groß muss das Terrarium sein? Das Ministerium für Verbraucherschutz, Ernährung und Landwirtschaft hat zwar bereits 1997 das „Gutachten über die Mindestanforderungen für die Haltung von Reptilien" zur Optimierung der Haltungsbedingungen herausgegeben, dies aber steht bei vielen Terrarianern durch die viel zu geringen Größenempfehlungen in teilweise heftiger Kritik. So wird für die Haltung eines Paares *Eublepharis macularius* folgende Empfehlung ausgesprochen: Als Formel gelte 4 x 3 x 2 multipliziert mit der Kopf-Rumpf-Länge als Länge, Tiefe und Höhe des Terrariums. Für ein ausgewachsenes Paar, ausgehend von einer Kopf-Rumpf-Länge der Leopardgeckos von ca. 15 cm, wären demnach die ungefähren Maße von 60 x 40 x 30 cm nötig. Nach Ansicht der Autoren reicht diese Mindestanforderung absolut nicht aus. Einzelne Tiere oder zwei Weibchen würden sich innerhalb weniger Monate kaum noch aus ihren Höhlen bewegen. Bei Paaren, vor dem Verfall in die Lethargie, bestünde das Problem der fehlenden Ausweichmöglichkeit des Weibchens vor dem ihm nachstellenden Männchen. Empfehlenswert ist die Vergesellschaftung mit zwei bis drei Weibchen, auf die sich das Interesse des Männchens verteilt, und eine Mindestgröße von (B x T x H) 120 x 60 x 60 cm. Natürlich gilt: je größer, desto besser. Die zweite Frage lautet: Welcher Terrarientyp kommt in Betracht? Hierzu soll nachfolgend ein Überblick über die gebräuchlichsten Terrarienvarianten mit ihren Vor- und Nachteilen gegeben werden.

Glasterrarien: Sie werden von den meisten Tierhaltern bevorzugt. Große Vorteile sind, dass Sie leicht zu reinigen und desinfizieren sind und dass der Fachhandel sie in vielen Größen mitnahmefertig anbietet. Nachteile sind die Bruchgefahr, ab einer bestimmten Größe das Gewicht und die schlechte Wärmeisolation.

Holzterrarien: Diese werden zum überwiegenden Teil vom Halter selbst angefertigt. Holz hält im Vergleich zu Glas die Temperatur im Terrarium besser. Terrarien aus diesem Material sind somit energiesparender. Bei Eigenkonstruktion sollte vor allem auf die richtige Belüftung geachtet werden. Im Gegensatz zu Glas lassen sich leicht Öffnungen für Kabeldurchführungen oder Gewinde für Beleuchtungsfassungen bohren. Nachteile sind eher in der aufwändigen Herstellung, dem hohen Gewicht und den hohen Materialkosten zu sehen. Zudem lassen sie sich schlechter reinigen und desinfizieren.

Kunststoffterrarien: Einige der angebotenen Modelle des Fachhandels sind stapelbar und damit platzsparend. Individuell lassen sich je nach Bedarf in den Kunststoff zusätzliche Lüftungslöcher und Löcher zum Anbringen der Beleuchtung bohren. Kunststoffterrarien lassen sich sehr gut reinigen und desinfizieren. Ein Vorteil gegenüber Glasterrarien liegt in der Bruchfestigkeit. Der Nachteil der Kunststoffscheiben ist, dass diese leichter verkratzen als jene aus echtem Glas.

Ein komplett eingerichtetes Terrarium erreicht je nach Größe ein beachtliches Gewicht. Verwenden Sie einen ausreichend stabilen Unterschrank. Achten Sie bei der Aufstellung des Terrariums darauf, dass dieses nicht der direkten Sonneneinstrahlung ausgesetzt ist. Dieses könnte zu einer Überhitzung und zum Tode der Tiere führen. Weitere ungeeignete Aufstellplätze sind zum Beispiel hochfrequentierte Kinderzimmer und Plätze mit Zugluft.

Ein wichtiger Punkt ist die Belüftung des Terrariums. Bei Eigenbau sollten Sie auf ausreichend große Lüftungsaussparungen und ausreichende Luftzirkulation achten. Gegenüberliegende und in der Höhe unterschiedlich eingearbeitete Lüftungsgitter erzeugen einen Kamineffekt, der frische Luft von unten ansaugt und die verbrauchte Luft nach oben entweichen lässt.

Praxistipp: Ein Terrarium gehört nicht in direkte Fensternähe. Im Sommer besteht die Gefahr der Überhitzung!

Selbstverständlich brauchen **Giants**, **Super Giants** und **Godzilla Super Giants** entsprechend größere Terrarien als die Normalformen.

Foto: www.geckosetc.com

Rückwand

Mit Foto- oder wenigen Millimeter dünnen Korkrückwänden beklebte Scheiben wird lediglich das Sicherheitsgefühl der Terrarientiere erhöht. Dickere Korkrückwände haben immerhin noch einen wärmeisolierenden Zusatznutzen.

Eine im Fachhandel erworbene Rückwand bietet den Vorteil des schnellen und unkomplizierten Einbaus. Sie ist in den unterschiedlichsten Materialien, Farben und Strukturierungen erhältlich. Optimal sind strukturierte Rückwände, denn sie erweitern den Tieren den zur Verfügung stehenden Aktionsradius im Terrarium.

Wer sein Terrarium individuell gestalten möchte, kann die Rückwand mit etwas Geschick selber anfertigen und findet in der Literatur, wie z. B. bei WILMS (2004), zahlreiche Anregungen. Bei der eigenen Herstellung muss daran gedacht werden, ausschließlich ungiftige Materialien zu verwenden. Idealerweise hat die Rückwand viele Ebenen, welche die Geckos erklettern, sowie horizontale, künstliche Felsspalten, in welche sich die Geckos reinzwängen können. Geschickt ist es, Heizkabel in die Rückwand unsichtbar einzuarbeiten. Wie später erläutert, eignen sich aber Heizkabel- und matten nur bedingt für die Erwärmung über den Bodengrund. Gleichzeitig mit der Rückwand kann man dazu optisch passende Höhlen und Verstecke aus gleichen Materialien und in gleichen Farben konstruieren.

Grundsätzlich ist es wichtig, die Rückwand fest im Terrarium zu integrieren, um das Unfallrisiko durch eine umstürzende Rückwand zu verhindern. Spalten zwischen Rückwand und Glas- sowie Kunststoffscheiben bzw. Holzplatten müssen mit ungiftigem Aquariensilikon abgedichtet werden. Dies verhindert, dass sich den Geckos Futterinsekten oder bei Befall Milben der Abtötung entziehen.

Wie die rückwärtige Wand können übrigens auch Seitenwände verkleidet werden, was den Tieren ein noch größeres Sicherheitsgefühl gibt.

Praxistipp: Rückwände erweitern den Aktionsradius der Geckos im Terrarium und erhöhen die Attraktivität des Terrariums.

Diese Rückwand wurde mit Styropor gestaltet und mit Fliesenkleber sowie Abtönfarbe gestrichen.

Stein- und Schieferplatten wurden in die vorbereiteten Schlitze der Rückwand gesteckt.

Fotos: Guido Busch

Eingesetzte Wurzeln und Äste runden die Gesamtgestaltung harmonisch ab.

Foto: Guido Busch

Bodengrund

Leopardgeckos sind hauptsächlich bodenbewohnend. In ihrem natürlichen Verbreitungsgebiet besiedeln sie felsige Areale mit Buschvegetation und festem Bodengrund. Eine Haltung nur auf Sand entspricht somit nicht der artgerechten Pflege und ist abzulehnen. Nach GRIESSHAMMER & KÖHLER (2009) wird feiner, weicher Sand in der Natur sogar gemieden.

Vorzuziehen ist ein Bodensubstrat, das die Grabaktivität der Leopardgeckos sinnvoll unterstützt. Aushärtende Sand-Lehm-Gemische (Verhältnis 5:2) sind sehr gut geeignet und kommen der im natürlichen Habitat vorkommenden Bodenbeschaffenheit am nächsten. Die Höhe des Bodensubstrats sollte nicht weniger als 5 cm betragen. Der Sandanteil muss ein sogenanntes Rundkorn sein, wie es durch Wind- und Wasserbewegungen entsteht. Völlig ungeeignet ist gebrochenes Sandkorn wie Quarz- oder Vogelsand. Durch seine Scharfkantigkeit kann es nicht nur leicht zu Problemen wie Entzündungen an Augen und Nase kommen, auch innere Verletzungen sind nicht auszuschließen.

Etwa monatlich sollte der Bodengrund im Kotablagebereich ausgewechselt werden, bei starker Verschmutzung entsprechend früher.

Praxistipp: Das Fressen von Bodengrund kann ein instinktives Verhalten bei Mineralienmangel darstellen, ein Indiz für Haltungsfehler sein und durch Darmverschluss zum Tod führen (*siehe Krankheiten*).

Foto: Guido Busch

Aushärtende Sand-Lehm-Gemische (Verhältnis 5:2) kommen der Bodenbeschaffenheit im natürlichen Habitat am nächsten und unterstützen die Grabaktivität der Leopardgeckos.

Teile des Bodens können durchaus mit Schiefer- und Korkplatten bedeckt werden. Trockengräser stellen eine Alternative zu echten oder künstlichen Pflanzen dar.

Foto: Markus Ruppert

Obwohl überwiegend bodenbewohnend, klettern Leopardgeckos gern. Eine Verkleidung der Rück- und möglichst auch Seitenwände des Terrariums vergrößert ihre Aktionsfläche.

Foto: Dirk Busch

Im artgerecht eingerichtetem Terrarium fühlen sich Leopardgeckos bei Haltung gemäß ihren klimatischen Bedürfnissen schnell wohl und zeigen sich auch außerhalb der Dämmerung.

Dekoration

Die Dekoration des Terrariums sollte sowohl zweckmäßig sein als auch den Bedürfnissen der Geckos gerecht werden. Diese Anforderungen sollten sich im richtigen Bodengrund und in der Wahl geeigneter Einrichtungsgegenstände widerspiegeln.
Richtig ausgewählt und eingesetzt hat die Dekoration sogar einen erheblichen Anteil an der Gesunderhaltung der Leopardgeckos. So können zum Beispiel mangelnde Versteck- und Ausweichmöglichkeiten Stress und Unwohlsein zur Folge haben und kleine, normalerweise harmlose Unverträglichkeiten können in ernsthaften Beißereien enden.
Stress schwächt auf Dauer das Immunsystem der Tiere und macht sie so krankheitsanfälliger.
Für den Halter haben manche Dekorationen den großen Vorteil, dass man mit diesen Kabel, Schläuche, Sensoren oder Ähnliches verbergen kann und Messgeräte darüber hinaus unauffälliger untergebracht werden können.

Vorteile einer reichhaltigen Strukturierung der Terrarien

- Vergrößerung des Aktionsradius im Terrarium
- Steigerung des Sicherheitsgefühls der Leopardgeckos
- Schaffung von Ausweichzonen bei Unverträglichkeiten
- Einrichtung von Ruheplätzen
- Steigerung des allgemeinen Wohlbefindens
- Möglichkeit des Rückzugs in Verstecke
- Befriedigung des Kletterbedürfnisses
- Schaffung von Eiablageplätzen
- Trennung von Revieren
- Vorhandensein von Sichtbarrieren
- Hilfe bei der Häutung

Der Zoofachhandel bietet eine große Auswahl an Dekorationsmaterial zur artgerechten Einrichtung. Zu nennen sind hier unter anderem:

- Moose
- Echt-, Trocken und Kunstpflanzen
- Wasserschalen
- Kokosnussschalen
- künstliche Höhlen
- Korkäste
- Weinreben- oder Moorkienwurzeln
- Dekorationssteine
- Rückwände

Kork: natürliche Optik & praktischer Nutzen.

Felsspalten: je enger, desto besser.

Äste animieren zum Klettern.

Dekorieren Sie abwechslungsreich.

Fotos: Guido Busch

Besonders die Korkrinde zählt zu den beliebtesten Dekorationsmaterialien. Es gibt flache, gewölbte, halbrunde Rindenstücke, Röhren oder hohle Äste unterschiedlicher Größen und Formen. Sie verleihen dem Terrarium ein natürliches Aussehen und werden von den Leopardgeckos gern als Versteck- und Rückzugsmöglichkeit angenommen. Aufgrund ihrer rauen Oberflächenstruktur sind sie für die mit Krallen versehenen Zehen der Leopardgeckos gut zum Klettern geeignet. Optisch gut ergänzen lassen sie sich mit Korktronchos oder Weinrebenwurzeln, denn Leopardgeckos klettern äußerst gerne. Auch aus der Natur kann man Dekorationsmaterialien entnehmen. Um Gesundheitsrisiken gänzlich auszuschließen, ist hierbei stets darauf zu achten, dass diese sowohl schimmel- als auch parasitenfrei sind. Grundsätzlich sollten sämtliche ins Terrarium eingebrachten Naturgegenstände gründlich unter fließend warmem Wasser mit einer kleinen Handbürste gereinigt werden. Vorsichtige Terrarianer erhitzen aus der Natur entnommene Materialien unter Aufsicht (!) mehrere Stunden bei 100 °C im Backofen. Der Autor Oliver Drewes verwendet diese Methode vor allem, um bei Weinrebenwurzeln Holzwürmer abzutöten, bevor sie ihren Weg aus dem Terrarium finden.

Foto: Thomas Hofmann

Bepflanzung

Der Bepflanzung kommt in einem mit Leopardgeckos besetzten Terrarium eine eher untergeordnete Bedeutung zu. Ihr angestammter Lebensraum ist durch steinige Landschaft mit geringer Buschvegetation geprägt. Wer dennoch nicht auf eine Bepflanzung in seinem Terrarium verzichten möchte, könnte in sogenannten Sukkulenten Exemplare finden, die auch höhere Temperaturen und Trockenheit vertragen. Diese Arten speichern Wasser in ihrem Stamm oder den fleischigen Blättern und stellen wenig Ansprüche an Feuchtigkeit. Zu den bekanntesten Vertretern ist hier die Gattung *Aloe* zu nennen. Da das Lichtspektrum in einem Terrarium der Leopardgeckos jedoch sehr gering ist, würden Sukkulenten sehr schnell verkümmern.

Die meisten Kakteen hingegen sind aufgrund ihrer Dornen eine Gefahrenquelle für jagende und grabende Geckos. Dass die ausgewählten Pflanzen ungiftig sein sollten, versteht sich von selbst. Da natürliche Pflanzen zudem auch Pflege bedürfen, durch die Tiere beschädigt werden oder unter zu hoher Temperatur eingehen können, sind Kunstpflanzen eine gute Alternative. Der Fachhandel bietet eine breite Palette an künstlichen Kakteen, Gräsern, Rank- und Kletterpflanzen an. Oft sind diese auf den ersten Blick vom Original kaum zu unterscheiden. Wer kein Plastik in seinem Terrarium mag, kann auch auf Trockengräser ausweichen. Beide Alternativen können überall im Terrarium eingebracht werden, stellen keine Gefahrenquelle dar und benötigen keinerlei Pflegearbeiten. In Kombination mit Ästen und Wurzeln wird ein überaus ästhetischer Gesamteindruck geschaffen, der den Tieren zudem Klettermöglichkeiten bietet.

Foto: David Kreipner

Kunstpflanzen sehen oft wie echt aus.

Foto: Guido Busch

Trockengräser, die natürliche Alternative.

Klimafaktor Temperatur

Leopardgeckos sind wie alle Reptilien ektotherm. Das bedeutet, dass sie nicht in der Lage sind, ihre Körpertemperatur selbst zu regeln. Für den Erhalt der Körpertemperatur und somit das Funktionieren ihres Stoffwechsels benötigen sie spezifische Temperaturbereiche durch Wärmezufuhr von außen. In der Literatur finden sich unterschiedliche Empfehlungen für bevorzugte und zur Haltung idealer Temperaturen. Seufer et al. (2005) geben zum Beispiel als Tagestemperatur 27-28 °C und als nächtliche Lufttemperatur 20-22 °C an. Wilms (2004) gibt tagsüber eine Temperatur von 26-35 °C, nachts eine Absenkung auf 20-28 °C an. Aufgrund des großen Verbreitungsgebietes der Art mit standortbedingt sehr unterschiedlichen Temperaturen sind beide Angaben nicht falsch. Die Klimadiagramme aus Pakistan von Henkel & Schmidt (2009) zeigen sehr große Unterschiede. Die Temperatur im Winter fällt zwischen Dezember und Januar in Quetta (Nordpakistan) auf etwa 5 °C ab, fällt in Jacobabad (Zentralpakistan) auf nicht unter 15 °C und erreicht in Karachi (Südpakistan) nur knapp unter 20 °C. Der Niederschlag in Jacobabad (Zentralpakistan) hat im Juli mit knapp 40 mm Niederschlag sein Maximum. In Lahore (Ostpakistan) entspricht das fast dem monatlichen Durchschnittswert, während das Maximum im Juli bei 200 mm Niederschlag liegt.

Für die Haltung im Terrarium kann sich der Halter an einer in einem Labor untersuchten Vorzugstemperatur von Leopardgeckos orientieren (Angiletta et al., 1999). Dort zeigten juvenile wie adulte Tiere als bevorzugte Körpertemperatur einen Durchschnittswert von 28,2 °C mit einer Abweichung von +/- 0,6 °C. Dabei zeigte sich eine Präferenz für eine höhere Temperatur eher am Ende als am Anfang des Tages, was mit der beginnenden Aktivitätszeit der Leopardgeckos stimmig erscheint. Folglich sollten Spotstrahler, die auf über 28 °C erwärmen, am Abend eingeschaltet werden und nicht ganztätig betrieben werden.

Aufgrund der bereits angesprochenen unterschiedlichen Klimata im Herkunftsgebiet können Werte einer einzelnen Klimastation nicht wirklich repräsentativ sein. Für die Grafik der Klimastation Hyderabad aus Pakistan mit einer Jahresdurchschnittstemperatur von 27,2 °C haben sich die Autoren als Anhaltspunkt für die artgerechte Haltung dennoch entschieden, da sie dem Durchschnittwert der oben zitierten Studie von 28,2 °C am nächsten kommt.

Damit den Leopardgeckos ermöglicht wird, ihren bevorzugten Temperaturbereich im Terrarium selbständig auszuwählen, sollten unterschiedliche Temperaturzonen geschaffen werden. Erreicht wird dies durch unterschiedliche Wärmequellen innerhalb des Terrariums, wie im nächsten Unterkapitel zu lesen sein wird. Um der Art auch während ihrer nächtlichen Aktivitätsphase eine Aufwärmung zu ermöglichen, ist eine punktuelle Bodenerwärmung sinnvoll. Dies erreicht man mittels einer Heizmatte oder eines Heizkabels. Alternativ kann man flache Heizsteine einsetzen. Auch in ihren natürlichen Habitaten nutzen Leopardgeckos durch Sonneneinstrahlung tagsüber erwärmte Steine zum nächtlichen Aufwärmen.

Klimastation Hyderabad, Pakistan

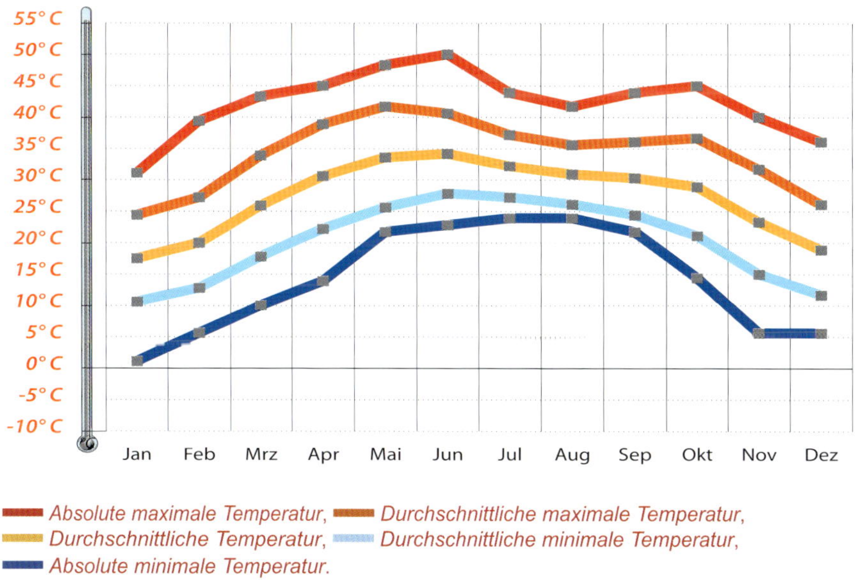

Quelle: Müller, M. (1996): Handbuch ausgewählter Klimastationen der Erde. Universität Trier, Forschungsstelle Bodenerosion.

Beheizung des Terrariums

Es gibt verschiedene Möglichkeiten, ein Terrarium für Leopardgeckos zu beheizen. Als dämmerungs- beziehungsweise nachtaktive Tiere stellen sie keine allzu großen Ansprüche an die Technik. Zum einen bietet sich der Einsatz von nicht zu starken Infrarotwärmestrahlern an, die ein schwaches rötliches Licht abgeben. Diese werden in den meisten Fällen im Inneren des Terrariums angebracht und dürfen für die Tiere keinesfalls erreichbar sein. Ein Kontakt mit diesen Lampen führt zu schweren Verbrennungen. Da diese Strahler sehr heiß werden, werden sie in Porzellanfassungen eingeschraubt. Das Gleiche gilt für bereits erwähnte, sogenannte Dunkelstrahler, keramische Infrarotstrahler, die nur Wärme, aber gar kein sichtbares Licht abgeben und die es in unterschiedlichen Wattstärken gibt. Nach Herstellerangaben können Betriebstemperaturen von mehreren 100 °C erreicht werden. Zum Schutz vor Verbrennungen muss nicht nur die direkte Berührungsmöglichkeit für Leopardgeckos ausgeschlossen werden; die Tiere müssen auch ausreichend auf Abstand gehalten werden. Der Handel bietet hierzu unterschiedliche Modelle von Schutzkörben an. Dämmerungsaktive Tiere wie Leopardgeckos bekommen in der Natur ihre benötigte Wärme weniger durch die direkte Sonneneinstrahlung von oben, so wie es bei tagaktiven Tieren der Fall ist. Zusätzlich zur Lufttemperatur nutzen sie die in Böden und Steinen gespeicherte Wärme des Tages, die in der Nacht abgegeben wird. Damit liegt der Gedanke nahe, die in der Natur im Boden über den Tag gespeicherte und in der Nacht abgegebene Wärme durch Heizkabel oder Heizmatten im Terrarium zu simulieren. Allerdings muss hierbei die Grabtätigkeit der Leopardgeckos bedacht werden. Ein Erreichen der Heizkabel sollte für die Tiere und auch Futtertiere, die diese annagen können, unmöglich sein. Hierzu verwendet man beispielsweise feinmaschige Edelstahlgazen.

Des Weiteren entspricht es eher der Natur, durch Graben auf zunehmend kühlere, statt zunehmend auf wärmere Schichten zu stoßen. Heizkabel- und matten sind daher die schlechtere Alternative zu Wärme über die Beleuchtung. Eine fehlende Höhe zum Einbau von Wärmestrahlern sollte kein Argument sein; in diesem Fall ist das Terrarium in seinen Abmessungen in Frage zu stellen.

Ausnahme sind Aufzuchtterrarien ohne Bodengrund, die mit Küchenvliespapier ausgelegt sind, für welche die Autoren sehr wohl Heizmatten empfehlen.

Akzeptabel finden die Autoren auch, einen Teil, etwa ein Drittel des Terrariums, mit Heizmatten oder -kabeln zu erwärmen. Durch die Anordnung der Wärmequellen sollten verschiedene Temperaturzonen im Terrarium eingerichtet werden, in denen sich die Leopardgeckos selbst ihre Vorzugstemperatur suchen können.

In jeder Temperaturzone sollte eine Versteck- und Rückzugsmöglichkeit vorhanden sein. Tagsüber dienen 27-28 °C, nachts 20-22 °C als Anhaltswerte der Durchschnittstemperatur. Für eine punktuelle Erwärmung ist die Verwendung sogenannter Heizsteine ebenfalls möglich, die im Terrarium zudem sehr dekorativ wirken. Heizsteine werden etwa 40 °C warm. Geregelt werden kann die bevorzugte Aktivitätstemperatur auf unterschiedliche Weise. Bei Strahlern oder Wärmelampen zunächst durch die Entfernung zum Tier. Des Weiteren – gleiches gilt auch für Heizmatten und -kabel – durch die Dauer der Einschaltzeit. Darüber hinaus in Abhängigkeit von der Wattzahl. Mit steigender Wattzahl erhöht sich die Temperatur. Steuern lässt sich die Temperatur des Tagesrhythmus durch Zeitschaltuhren oder Temperaturregler. Für die Steuerung des Jahresrhythmus hat die Zubehörindustrie spezielle Terrariencomputer entwickelt. Kontrollieren, sofern nicht über Temperatursensoren der Temperaturregler und Terrariencomputer, lässt sich die Wärme mit Thermometern. Relativ genaue, analoge und digitale Thermometer zur Messung der Lufttemperatur können an den Terrarienscheiben mit Saugern befestigt werden. Zur Messung der lokalen Temperatur auf Steinen oder in Höhlen bietet der Handel inzwischen Infrarotthermometer mit Laserstrahl an. Diese zeigen die Oberflächentemperaturen sekundenschnell und sehr genau an.

Praxistipp: **Mit einem wärmenden Spotstrahler (lokale Bodentemperatur 35-40 °C) auf der einen, einer Energiesparlampe mit UV-B-Anteil (22-26 °C) auf der anderen Seite schaffen Sie ein Temperaturgefälle, in dem sich der Leopardgecko seine Vorzugstemperatur selbst suchen kann.**

Klimafaktor Feuchtigkeit

Wie die Werte der Klimastation Hyderabad aus Pakistan verraten, unterliegt die relative Luftfeuchtigkeit im Herkunftsgebiet der Leopardgeckos geringen, jahresrhythmischen Schwankungen. Im Zeitraum von Juli bis September werden Höchstwerte der relativen Luftfeuchtigkeit von über 50 % bis über 60 % erreicht.

Grundsätzlich verbringen Leopardgeckos die inaktive Zeit des Tages in Verstecken, die ihnen ein höheres Maß an Umgebungsfeuchte und relativer Luftfeuchtigkeit als außerhalb garantiert. Dabei dient ihnen die Beschuppung, neben dem Schutz vor mechanischen Einflüssen, auch als Regulator für den Wärme- und Feuchtigkeitshaushalt (Rösler, 1995). Leopardgeckos müssen jederzeit feuchte Rückzugsmöglichkeiten zur Verfügung stehen haben, um nicht zu dehydrieren. Besonders häufig suchen sie diese zur Eiablage und bei der Häutung auf. Gerade bei zu trockener Haltung kann es zu Häutungsproblemen kommen.

Klimastation Hyderabad, Pakistan

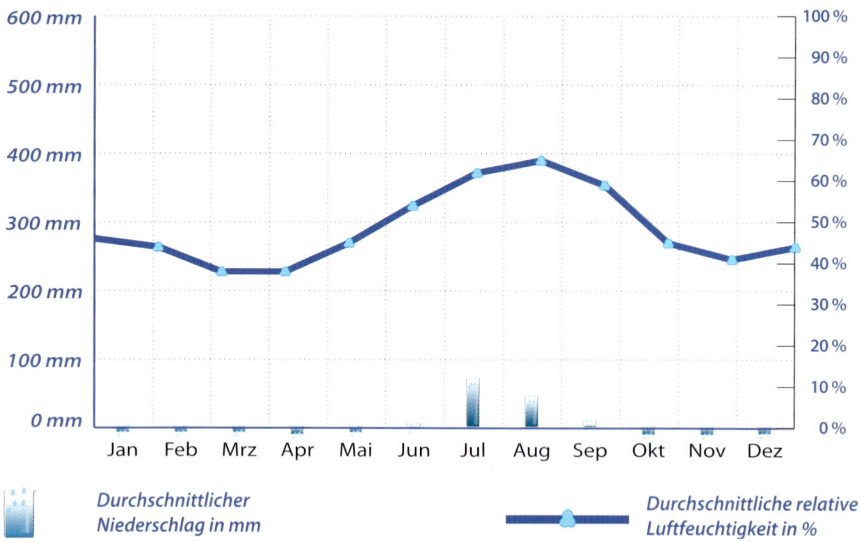

Quelle: Müller, M. (1996): Handbuch ausgewählter Klimastationen der Erde. Universität Trier, Forschungsstelle Bodenerosion.

Befeuchtung des Terrariums

Die relative Luftfeuchtigkeit sollte tagsüber 50 % nicht unterschreiten. In der Nacht steigt die Luftfeuchtigkeit durch das Absinken der Temperatur automatisch stark an. Die Kontrolle der Luftfeuchtigkeit kann mit analogen oder digitalen Hygrometern erfolgen, die mit Saugern an der Terrarienscheibe befestigt werden. Diese Messgeräte sind auch als Kombigeräte mit Thermometern erhältlich. Da in der Natur die Feuchtigkeit gerade in den Dämmerungs- und Nachtstunden am höchsten ist, sollte ein Besprühen mit lauwarmem Wasser am Abend erfolgen. Darüber hinaus ist es nicht erforderlich, das Terrarium zu befeuchten. Vermeiden sollten Sie eine permanent nasse Haltung. Eine ständig feuchte Umgebung würde die Entstehung von Krankheitserregern stark begünstigen. Am besten lassen sich Verstecke mit Pump-Sprühflaschen befeuchten. Eines großen technischen Aufwands wie etwa mit Ultraschallverneblern oder Beregnungsanlagen bedarf es nicht.

Besser finden die Autoren die sogenannte Wetbox. In diesem Fall ist das Besprühen des Terrariums überflüssig. Ein sehr schöner Nebeneffekt ist, dass sich keine zunehmenden Kalkrückstände des verdunstenden Wassers an den Seitenscheiben des Terrariums bilden.

Fotos: Lisa Einsfelder

Das Leopardgeckoterrarium benötigt keine aufwändige Befeuchtungstechnik.

Übrigens bietet sich in Regionen mit hartem Leitungswasser an, stilles Mineralwasser zum Sprühen zu benutzen, das weniger Kalkrückstände hinterlässt. Eine Wetbox ist nichts anderes als eine feuchte Höhle. Zugegebenermaßen optisch schöner ist eine dekorative Höhle, die man über eine flache Schale, gefüllt mit feuchtigkeitsspeicherndem, nicht schimmelndem Substrat, stülpt. Erfahrungsgemäß eher von den Tieren angenommen werden verschlossene Plastikdosen mit etwa 30 x 15 cm Grundfläche. Die Einstiegsöffnung, die nur so groß sein muss, dass noch trächtige Weibchen hindurchpassen, kann auch in den Deckel geschnitten werden. So hoch mit etwa 7-8 cm Substrat gefüllt, dass die Geckos mit ihrem Rücken in 2-3 cm Abstand noch die Decke berühren, fühlen sich die Tiere am sichersten und wohlsten. Als Substrat eignet sich Kokosquellhumus, wie er in die typische Ziegelform gepresst im Handel angeboten wird. Manche Tiere nehmen Maulwurfserde gemischt mit Sand besser an. Das Substrat wird alle drei bis vier Tage überprüft, bei Bedarf leicht besprüht und bei Verschmutzung erneuert. Die Wetbox verbleibt dauerhaft im Terrarium; sie dient nicht nur temporär zur Häutungshilfe oder Eiablage.

Praxistipp: Mit schräg dagegengestellten Korkrindenstücken lässt sich eine Wetbox relativ einfach kaschieren. Alternativ baut man sich eine dekorative Höhle selbst, die eng anliegend über die Plastikwetbox gestülpt wird.

Fotos: Lisa Einsfelder

Die Abdeckung der Wetbox wurde hier gestalterisch gekonnt der Terrarienoptik angepasst.

Klimafaktor Licht

Dämmerungs- und nachtaktive Echsen stellen geringe Ansprüche an die Beleuchtung; ihr kommt in einem Terrarium für Leopardgeckos eher sekundäre Bedeutung zu. Die Dauer der Beleuchtung steuert den tages- und jahreszeitlichen Rhythmus. In den Sommermonaten sollte sie 12-14 Stunden betragen. Die Beleuchtung bzw. die Beleuchtungswärme dient der Erhöhung der Lufttemperatur und den Plätzen der Thermoregulation. Alle von ihrer Umgebungswärme abhängigen, ektothermen Reptilien nutzen sowohl wärmere als auch kühlere Plätze, um ihre bevorzugte Temperatur zu erreichen oder einen Temperaturausgleich durchführen zu können. Sinnvoll ist es daher, einen Spotstrahler auf eine am Boden liegende Steinplatte zu richten. Die Platte wird durch den Strahler tagsüber so erwärmt, dass sie von den Leopardgeckos nach dem Ausschalten der Beleuchtung noch zum Aufwärmen genutzt werden kann. Dabei wird zugleich die Verdauung angeregt, Oberwärme allein reicht hierzu nicht aus.

Fotos: Lisa Einsfelder

Schieferplatten sind flach und speichern gut die Wärme für die Thermoregulation der Tiere.

Beleuchtung des Terrariums

Die Grundbeleuchtung sollte das Terrarium auf die erforderliche Temperatur erwärmen. Hierzu eignen sich Halogenflächenstrahler, die im Vergleich zu herkömmlichen Glühbirnen eine höhere Licht- und Wärmeabgabe aufweisen. Leuchtstoffröhren und Energiesparlampen geben keine Wärme ab. Sie reichen zur Einleitung der Tag- oder Nachtaktivität, sollten dann aber durch andere Wärmequellen ergänzt werden. Zur punktuellen Erwärmung dienen Spotstrahler, die es ebenfalls in Halogen- oder Glühlampenversion gibt und die von fast jeder Herstellermarke des Reptilienzubehörs angeboten werden. Als dämmerungs- und nachtaktive Reptilien benötigen Leopardgeckos im Grunde keine Beleuchtung mit intensiver UV-B-Strahlung. Für tagaktive Echsen hingegen ist dies unverzichtbar; mittels der Strahlung können sie der Haut das Vitamin D_3 selbst synthetisieren, mit dem über die Nahrung aufgenommenes Kalzium dem Organismus verfügbar gemacht wird. Dennoch sollten die Haltungsbedingungen im Terrarium des Leopardgeckos der Natur so weit wie möglich entsprechen. Als Leuchtstoffröhren und Energiesparlampen würden wir immer solche mit UV-B-Anteil bevorzugen. Auch Spotstrahler werden mit geringer UV-B-Abgabe angeboten.

Praxistipp: Spotstrahler nicht zu hell wählen, um die Tiere tagsüber im Schlaf nicht zu stören.

Foto: Lisa Einsfelder

Leuchtmittel werden so angebracht und mit Schutzgittern versehen, dass sich die kletternden Leopardgeckos nicht daran verbrennen können.

Foto: Guido Busch

Foto: Guido Busch

Ernährung

Leopardgeckos fressen fast alles, was sie überwältigen können. Jungtiere werden täglich gefüttert, adulte Exemplare 2-3-mal in der Woche. Andere Terrarianer füttern lieber einmal in der Woche. Die Autoren bevorzugen, die Insekten auf mehrere Fütterungen zu verteilen, sodass das angebotene Futter innerhalb kürzester Zeit vollständig gefressen wird. Achten Sie darauf, dass Sie ihre Leopardgeckos nicht überfüttern. Es besteht die Gefahr der Verfettung. Je abwechslungsreicher und hochwertiger Sie ihre Leopardgeckos ernähren, umso gesünder bleiben sie. Gerne nehmen Leopardgeckos Tropfen des abendlichen Sprühwassers auf. Dies ersetzt aber nicht die flache Schale mit täglich frisch aufgefülltem Trinkwasser. Leopardgeckos muss die Möglichkeit geboten werden, ihren Wasserbedarf jederzeit selbständig decken zu können. Eine Vitaminisierung des Trinkwassers ist möglich und empfehlenswert, vor allem dann, wenn die Annahme eingestäubter Futterinsekten verweigert wird.

Praxistipp: Stellen Sie die Wasserschalen nie direkt unter eine Wärmequelle. Höhere Temperaturen können die Bildung von Krankheitserregern im Wasser beschleunigen und die Gesundheit Ihrer Tiere gefährden.

Foto: Guido Busch

Als Faustregel bei der Verfütterung von Insekten gilt, dass diese maximal so groß sein sollten, wie sie quer ins Maul des Leopardgeckos passen.

Futtertiere

Heimchen, Grillen und Heuschrecken sind im Fachhandel in verschiedenen Größen erhältlich. Dadurch ist es möglich, auch sehr junge Leopardgeckos mit ihnen zu ernähren. Heimchen und Grillen geben als Adulti zirpende Geräusche von sich.

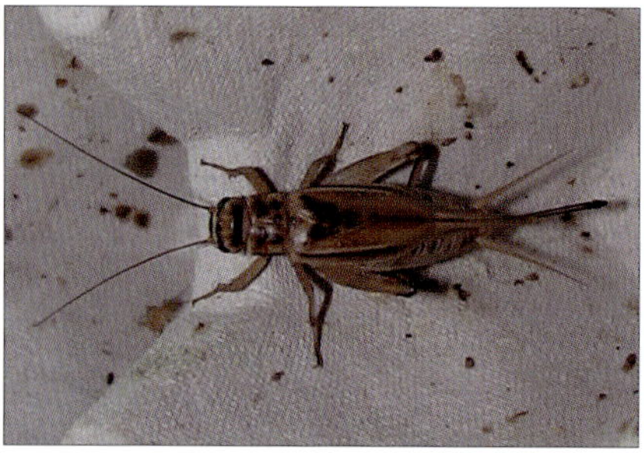
Foto: Thomas Hofmann

Heimchen, Acheta domestica, gehören zur Familie der Echten Grillen.

Schaben werden vor allem in ihren kleinen und mittleren Entwicklungsstadien gerne gefressen.

Foto: Heiko Schneider

Überwiegend findet man die argentinische Schabe *Blaptica dubia* im Handel.

Zophobas werden von den Leopardgeckos ebenfalls gerne angenommen. Hierbei handelt es sich um das Larvenstadium des Käfers *Zophobas morio*. Bei Stress können diese Käfer ein übelriechendes Sekret absondern. Bei Zimmertemperatur oder in einem kühleren Keller können sie über einige Wochen gehältert werden.

Foto: Thomas Hofmann

Mehlwürmer verfüttert man aufgrund ihres Fettgehaltes nicht übermäßig.

Mehlwürmer sollten Leopardgeckos nur von Zeit zu Zeit erhalten, da diese ein ungünstiges Kalzium-Phosphor-Verhältnis aufweisen. Gut genährte Mehlwürmer erhöhen aber bei gelegentlicher Fütterung durchaus die Vielfalt des angebotenen Futters. Sie entwickeln sich aus den Eiern des **Mehlkäfers** *Tenebrio molitor*, die in Plastikgefäßen auf einer Schicht Maismehl und Weizenkeime gehalten werden. Auf ein mehrmals pro Woche besprühtes Küchentuch legen die Käfer ihre Eier, die abgesammelt werden können. Die Verfütterung von

Gekaufte Futterinsekten sollten mindestens 12 Stunden vor dem Verfüttern ausreichend mit hochwertigem Futter angefüttert werden. Je besser die Futtertiere ernährt wurden, umso besser werden auch Ihre Leopardgeckos ernährt.

Fotos: Guido Busch

Einen besonderen Leckerbissen stellen Wachsmaden dar. Diese sind aufgrund ihres hohen Energiegehalts hervorragend dazu geeignet, um Jungtiere oder trächtige Weibchen mit ihrem jeweils erhöhten Energiebedarf zu versorgen.

Foto: Lisa Einsfelder

Futterinsekten zu jagen ist geistige und körperliche Abwechslung für Terrarientiere und sollte dem Füttern mit der Pinzette stets vorgezogen werden.

Foto: Lisa Einsfelder

Da die Fülle an unterschiedlichen Wirbellosen der Natur im Terrarium nicht zur Verfügung steht, sollten so viele verschiedene Futtertiere wie möglich angeboten werden.

Mehlkäfern und sich entwickelnder Mehlwürmer sollte in einem mindestens 3 cm hohen Gefäß mit glatten Wänden erfolgen. Entkommene, sich frei bewegende Mehlwürmer können im Terrarium unter Umständen Ihre Pfleglinge sowie die Terrariendekoration beschädigen.

Nestjunge Mäuse werden nicht von allen Tieren und eher von Weibchen angenommen. Ihnen kann man in der Trächtigkeit oder nach der Eiablage gelegentlich gezielt kleine Nacktmäuse anbieten, um ihre Energiereserven wieder schnell aufzubauen.

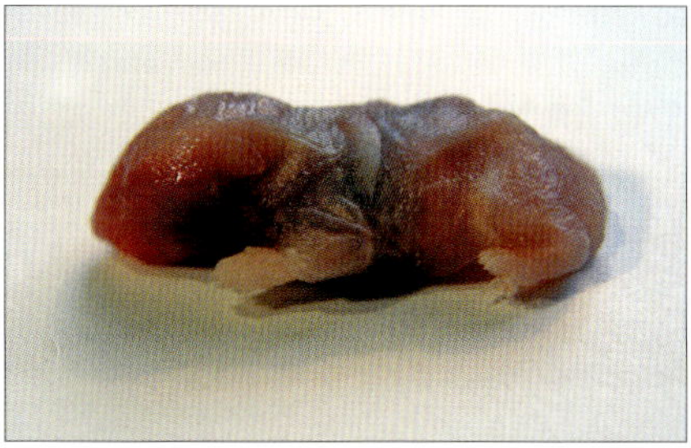

Foto: Oliver Drewes

Diese maximal zwei Tage alten, sogenannten Pinkies bekommt man tiefgefroren und lässt sie einige Stunden vor der Verfütterung an der Luft vollständig auftauen.

Wer mit dem Gedanken spielt, sich eine eigene Futtertierzucht aufzubauen, findet in den Büchern von Bruse et al. (2003) sowie Friedrich & Volland (1998) zahlreiche Informationen. Zeit- und Kostenaufwand, Geruchs- und bei zirpenden Insekten Lärmbelästigung einer eigenen Futtertierzucht sind nicht zu unterschätzen.

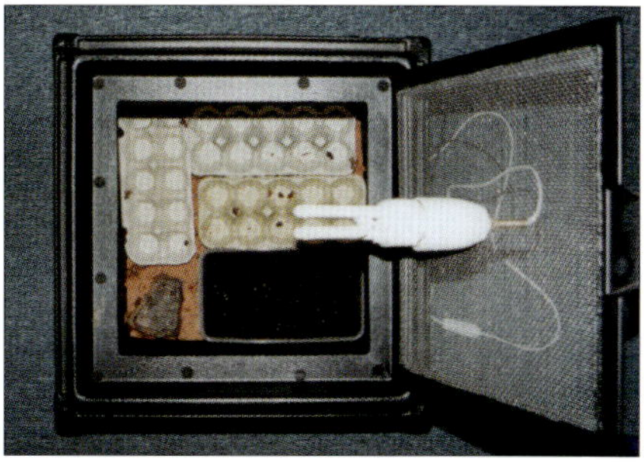

Foto: Oliver Drewes

Eierkartons vergrößern in einem Futtertierterrarium die Läuffläche für Insekten.

Alle zuvor genannten Futtertiere können mit Trockenfischfutter, Hundeflocken, Weizenkleie, Kartoffelscheiben sowie Mohrrüben versorgt und damit aufgewertet werden. Obst hat hingegen ein schlechtes Kalzium-Phosphor-Verhältnis. Durch die Anreicherung der Insekten mit zusätzlichen Nährstoffen in deren Darm hat sich im Englischen für dieses Vorgehen der Begriff „Gut loading", übersetzt Darm füllen, durchgesetzt.

Praxistipp: Es hat sich gezeigt, dass sich die Sterblichkeitsrate von Futterinsekten, vor allem Heuschrecken, senken lässt, wenn Blätter von Brombeere, Löwenzahn oder Breitwegerich statt nasserem Futter wie Obst und Gemüse verfüttert werden.

Ergänzungsfuttermittel

Ein wichtiger Aspekt bei der Haltung und Pflege von Reptilien ist die Prophylaxe von Mangelerkrankungen. Im Terrarium ist es den Leopardgeckos nicht möglich, ihren Vitamin- und Mineralstoffbedarf, allem voran Kalzium, alleine durch die Futtertiere ausreichend zu decken. Ihnen fehlt bereits die Vielfalt an verschiedenen Insekten, die sie in der Natur vorfinden. Dort nehmen sie alle wichtigen Mineralstoffe, Spurenelemente und Vitamine alleine über das tägliche Futter zu sich. Die Futterinsekten, die sich durch die Pflanzenvielfalt abwechslungsreicher ernähren können, kommen als hochwertige und variationsreiche Nahrung den wildlebenden Leopardgeckos zugute.

In der Terrarienhaltung hat es sich bewährt, die Futterinsekten bei jeder Fütterung mit Vitamin- oder Mineralpulver zu bepudern. Hierzu dienen ausgediente Heimchendosen oder verschließbare Dosen. Zusätzlich zur Bestäubung der Futterinsekten sollte separat eine kleine Schale mit Kalzium, z. B. geriebene Sepiaschale, im Terrarium aufgestellt werden. Leopardgeckos nehmen dieses Zusatzangebot je nach Bedarf erfahrungsgemäß sehr bereitwillig an. Kalzium ist u. a. für den Knochenaufbau, die Muskelkontraktionen, die Bildung von Eiern und das Wachstum der Jungtiere sehr wichtig.

Foto: Guido Busch

Der Bedarf an Vitamin D_3 lässt sich statt über die UV-B-Beleuchtung auch über Nahrungsergänzungsmittel decken, wie auf den nächsten Seiten beschrieben wird.

Foto: David Kreipner

Trächtige Weibchen und Jungtiere haben einen hohen Bedarf an Kalzium und Mineralien.

Besonders beliebt ist das Mineralstoffpräparat Korvimin ZVT+Reptil, welches nur in tierärztlichen Praxen erhältlich ist. Supplemente, die Dirk Duscha selbst verwendet, sind zum Beispiel CALCAmineral, Vitakalk und Amivit-R. Oliver Drewes verwendet selbst Reptix vital und Reptix mineral, die er während seiner Tätigkeit für die Marke HOBBY mitentwickelt hat. Früher betrachtete man noch ein Kalzium-Phosphor-Verhältnis von 1,2-2:1 als qualitatives Kriterium guter Ergänzungsfuttermittel. Unberücksichtigt blieb dabei allerdings das schlechte Ca:P-Verhältnis von Futterinsekten und diversen Futterpflanzen. Daher empfiehlt sich zum Ausgleich ein Ca:P-Verhältnis 3,7:1, wie das beim Produkt Complete-T der Marke Herpetal der Fall ist.

Zur Menge des verfütterten Vitamin- oder Mineralpulvers sind die jeweiligen Herstellerangaben auf den Etiketten oder Beipackzetteln zu beachten. Achten Sie auch auf die Aufbewahrungshinweise und das Haltbarkeitsdatum.

Praxistipp: Verwenden Sie die Zusatzpräparate nur nach Herstellerangaben oder tierärztlichen Empfehlungen. So vermeiden Sie Vitaminüberversorgung (Hypervitaminose) oder -unterversorgung (Hypovitaminose).

Hygiene

Zur Gesunderhaltung der Tiere und Prophylaxe von Krankheiten werden Kot-, Futter- und Häutungsreste täglich entfernt. Vor allem Kot kann schnell faulen und Krankheitserregern als Nährboden dienen. Dass Leopardgeckos in der Regel immer die gleiche Stelle zum Kotabsetzen aufsuchen, erleichtert die Pflege erheblich. Wichtig ist, Wasserschalen täglich oder bei jeder groben Verschmutzung zu säubern und mit frischem Wasser zu befüllen. Einmal im Monat, bei starker Verunreinigung auch öfter, sollten Sie verunreinigte Dekoration säubern und Teile des Bodengrundes aus der Kotecke ersetzen. Achten Sie bei mehreren betriebenen Terrarien darauf, gesonderte Reinigungshilfen zu benutzen. Jedes Terrarium hat sein eigenes Equipment. Beschränken Sie das nicht auf Quarantänebecken oder Krankheitsfälle. Vor dem Griff ins nächste Terrarium sollten Sie sich die Hände waschen, Hygienetücher, -flüssigkeiten oder -sprays benutzen. Verwenden Sie nicht die gleiche Pinzette zum Füttern wie zum Herausnehmen von Kotresten. Bei mehreren Terrarien ist es ratsam, die jeweiligen Wasserschalen zu beschriften.

Foto: Guido Busch

Reinigen Sie die Trinkschale einmal täglich beim Wasserwechsel, bei Verschmutzung schon vorher, oder halten eine zweite zum Austausch bereit. Im Wasser ertrunkene Futterinsekten sowie Kot können Krankheitserreger bilden.

Umgang mit Leopardgeckos

Auch wenn Leopardgeckos, verglichen mit anderen Reptilienarten, zutraulicher werden, sollten überflüssige Störungen, wie ein Herausnehmen der Tiere aus dem Terrarium, vermieden werden. Sollte es dennoch einmal vonnöten sein, sollten Sie sehr behutsam vorgehen und die vorübergehende Aufbewahrungsmöglichkeit schon bereithalten. Der Autor Dirk Duscha entnimmt seine Leopardgeckos grundsätzlich dem Terrarium nur aus wenigen Gründen. Eine Geschlechtsbestimmung lässt sich nicht durchführen, ohne die Geckos gelegentlich in die Hand zu nehmen. Des Weiteren kann es vorkommen, dass trotz idealer Haltungsbedingungen die Häutung nicht vollständig verläuft und Reste von Hand entfernt werden müssen. Gerade an den feingliedrigen Zehen ist eine vollständige Häutung wichtig, damit diese durch Abschnürungen nicht absterben. Ein Transport zum Tierarzt oder nach dem Erwerb bringt es ebenfalls mit sich, die Tiere in die Hand zu nehmen. Ebenso ein Umsetzen der Leopardgeckos zur Verpaarung oder bei größeren Reinigungsarbeiten innerhalb des Terrariums. Bleiben Sie dabei, wenn sich Kinder oder Besucher ihre Leopardgeckos aus der Nähe ansehen möchten. Sehen Sie davon ab, Leopardgeckos zu Präsentationsgründen aus dem Terrarium zu nehmen.

Achten Sie im Falle unerlässlichen Herausnehmens darauf, den Gecko nicht am Schwanz festzuhalten, da er diesen sonst in Panik abwerfen könnte. Fassen Sie die Tiere fachmännisch kurz hinter dem Kopf am Körper. Während mit Daumen und Zeigefinger der Kopf fixiert wird, liegt die Handfläche über dem Rücken des Geckos. Mit der anderen Hand umfasst man den Gecko direkt am Körper und streckt seine Hinterbeine nach hinten parallel zum Rumpf. Halten Sie die Tiere möglichst nicht hoch und nicht über hartem Boden. Bei einer plötzlichen Bewegung könnte der Leopardgecko auf den harten Untergrund fallen und sich verletzen. Halten Sie ihn möglichst nur auf Tischhöhe fest. Wählen Sie eine weiche Unterlage für den Fall der Fälle. Leopardgeckos in Panik können schmerzhaft zubeißen; behutsam behandelt sind es aber ruhige, umgängliche Charaktere.

Praxistipp: Halten Sie den Gecko niemals am Schwanz fest. Dieser kann aktiv abgeworfen werden!

Hypo Tangerine
Carrottail

Foto: Guido Busch

Checkliste: Haltungsfehler vermeiden

Ein Großteil von Krankheiten und Verletzungen bei Leopardgeckos geht auf Haltungsfehler zurück. Folgende Checkliste soll die häufigsten Fehler zu vermeiden helfen:

• Achten Sie auf eine ausreichende Terrariengröße. Ist das Terrarium zu klein, können sich die Tiere nicht ausreichend aus dem Weg gehen. Stress und Krankheiten könnten die Folge sein.

• Sorgen Sie für eine ausreichende Belüftung des Terrariums und vermeiden sie Stauluft. Die im Fachhandel erhältlichen Terrarien entsprechen diesen Ansprüchen.

• Stellen Sie sicher, dass im Terrarium ein Temperaturgefälle herrscht. Es müssen warme und kühlere Zonen vorhanden sein, die Leopardgeckos zur Aufrechterhaltung ihres Stoffwechsels und zur Thermoregulation benötigen.

• Vergesellschaften Sie nie zwei Männchen in einem Terrarium. Männliche Leopardgeckos sind territorial. Kämpfe mit ernsthaften Verletzungen könnten bis zum Tod eines der beiden Kontrahenten führen.

• Stellen Sie sicher, dass den Leopardgeckos eine feuchte Rückzucksmöglichkeit zur Verfügung steht. Diese benötigen die Geckos unter anderem zur Häutung.

• Um mechanischen Verletzungen vorzubeugen, müssen Sie dafür sorgen, dass alle Einrichtungs- und Dekorationsmaterialien nicht untergraben werden können.

• Um das allgemeine Wohlbefinden der Leopardgeckos zu fördern, sollten Klettermöglichkeiten in das Terrarium eingebracht werden. Diese erhöhen den möglichen Aktionsradius der Tiere.

Praxistipp: Neben der Terrariengröße spielt vor allem die Strukturierung eine entscheidende Rolle. Ein 120 cm langes, gut dekoriertes Terrarium ist artgerechter als ein 300 cm langes ohne jegliche Bodenstruktur.

Krankheiten & Verletzungen

An dieser Stelle sollen bewusst nicht alle und auch keine komplexen Krankheitsbilder oder deren Behandlungsansätze beschrieben werden, um den Gang zum Tierarzt zu ersparen. Vielmehr sollen zum frühzeitigen Erkennen einige Symptome aufgeführt werden, die auf eine Erkrankung oder Verletzung hinweisen können. Grundsätzlich muss die Diagnostik und Behandlung durch einen reptilienkundigen (!) Tierarzt erfolgen. Ein Großteil von Erkrankungen und Verletzungen ist leider durch unsachgemäße Haltung und falsche Versorgung durch den Halter selbst herbeigeführt.

Beim Erwerb von Wildfängen, welchem ohnehin kritisch gegenüberzustehen ist, der jedoch heute in den Zoohandlungen auch nicht mehr die Regel ist, besteht die Gefahr des Einbringens von **Endo- und Ektoparasiten** (Innen- und Außenparasiten). Laut Biron (2007) belasten Leopardgeckos als Endoparasiten vor allem **Würmer** und **Flagellaten** sowie deren Entwicklungsstadien. Betroffene Tiere sollten stets einer Quarantäne unterzogen und es sollte mindestens eine frische (!) Kotprobe untersucht werden. In Kot, der einen Tag in der Post unterwegs war, können Flagellaten oft nicht mehr gefunden werden. Ein erstes Anzeichen von Befall kann farblich und geruchlich veränderter Kot sein. Ähnliche einzelne oder alle Symptome, wie Nahrungsverweigerung, Erbrechen, Durchfall oder Ausscheiden unverdauter Nahrung, Gewichtsabnahme und Lethargie führen auch zu einem Verdacht auf eine Infektion mit **Cryptosporidien.** Die Infektion mit diesen Einzellern (*siehe auch www.cryptosporidien.de*) ist bei Leopardgeckos eine häufige, ansteckende und sofortige Isolation bedürftige Erkrankung. Zu ihrem Nachweis sind mehrere Kotuntersuchungen (*siehe „Hilfreiche Adressen“*) der Tiere in Quarantäne notwendig, da die Erreger nicht in jeder Kotprobe zu finden sind.

Zu den Ektoparasiten gehören unter anderem **Milben**. Autor Oliver Drewes benutzt nach der Desinfektion des Terrariums zur Behandlung am Tier ausschließlich das giftfreie HOBBY Reptix First Aid, das durch Verklebung der Atmungsöffnungen der Milben wirkt. Vor Verwendung von Mitteln aus dem Zoofachhandel, die über Zellgifte wirken, sollte ein reptilienkundiger Tierarzt aufgesucht werden.

Neben den parasitären gibt es außerdem **stoffwechselbedingte Erkrankungen**, allen voran ist die **Rachitis** bzw. **Osteomalzie** zu erwähnen. Bei tagaktiven Geckos kann eine zu geringe UV-B-Bestrahlung, bei dämmerungs- und nachtaktiven Geckos wie *Eublepharis macularius* eine falsche Vitamin D_3- und/oder Kalziumversorgung zu sichtbaren Deformationen des Skelettes führen. Meist fällt zuerst ein sogenannter Knitterschwanz oder ein Unter- beziehungsweise Überbiss am Kiefer auf.

Hautverletzungen können gelegentlich vorkommen und sind in kleinerem Maße unproblematisch. Bei kleineren **Schürfwunden** sollten die betroffenen Hautstellen mit Betaisodona-Lösung behandelt werden, um Infektionen zu vermeiden. Die Verletzungen müssen weiter beobachtet werden; eine Verbesserung ist meistens nach der Häutung zu beobachten. Bei ausbleibender Besserung sollten die Tiere dem Tierarzt vorgestellt werden.

Bei falschen Haltungsbedingungen kann es zu **Häutungsproblemen** kommen. Durch das Befeuchten der Häutungsreste mit Wasser können diese nach einiger Zeit gelöst werden. Nicht entfernte Häutungsreste können erhebliche Entzündungen und Abschnürungen mit sich bringen. Gerade in Bereichen der Gliedmaßen, wie z. B. der Zehen oder an der Schwanzspitze, tragen trocknende und sich um die jeweiligen Stellen zusammenziehende Häutungsreste nicht nur zu einer Einschränkung der Bewegungsfreiheit bei. Vielmehr führt die Abschnürung und die damit einhergehende mangelnde Durchblutung nach einiger Zeit zum Absterben der betroffenen Körperteile.

Eine nach Pathologie der Tiere durchaus häufig festgestellte Todesursache ist ein **Darmverschluss** durch zum Beispiel übermäßige Aufnahme von Sand. Es ist ein instinktives Verhalten von Echsen, durch Aufnahme von Bodengrund einen Mangel an Mineralien auszugleichen. Gefährlich wird es, wenn Ernährungsfehler, also schlecht ernährte Futtertiere oder eine nicht ausreichende Versorgung mit Ergänzungsfuttermitteln, in Kombination mit Haltungsfehlern, wie Sand als alleiniger Bodengrund, auftreten. Für Leopardgeckoweibchen kann **Legenot** tödlich enden. Auslöser können unter anderem Störungen, Umsetzen, zu häufige Trächtigkeit (HASSLER, schriftl. Mitteilung 2015) oder insbesondere das Fehlen eines geeigneten Eiablageplatzes sein. Bei Apathie und Nahrungsverweigerung trächtiger Weibchen sollte sofort ein Tierarzt konsultiert werden.

Überwinterung

In ihrem natürlichen Habitat beginnen die Leopardgeckos je nach vorherrschenden Temperaturen zu unterschiedlichen Zeiten mit ihrer Winterruhe. Im nördlichen Pakistan beginnen sie bereits im September und beenden diese im März, in südlichen Regionen beginnt die Winterruhe ab November oder findet bei optimalen Klimaverhältnissen gar nicht statt (KHAN, 2006). Die Überwinterung verbringen die Leopardgeckos in den Verstecken, in denen sie auch an heißen Tagen des Jahres Schutz und Rückzugsmöglichkeiten finden.

Auch im Terrarium sollte den Leopardgeckos eine kühlere Phase ermöglicht werden. Hierzu wird die Winterruhe künstlich eingeleitet. Dabei wird die Beleuchtungsdauer von 12-14 Stunden ab Ende Oktober langsam um 4 Stunden wöchentlich vermindert. Für einen Zeitraum von zwei Wochen werden die Leopardgeckos nicht mehr gefüttert und können ihren Darm vollständig entleeren. So kann es in der folgenden Zeit nicht zu Fäulnisprozessen im Darm kommen, was zum Tod der Tiere führen könnte. Um sicherheitshalber keine krankheitsgefährdeten Tiere zu überwintern, lässt man etwa zwei Monate vor der Überwinterung den Kot noch einmal untersuchen. Für die Winterruhe ist die Minimallösung, das Terrarium an seinem Standort in der Wohnung zu belassen. Jegliche Licht- und Wärmequellen werden für 8-12 Wochen abgeschaltet. Optimaler ist die Überwinterung mit gleicher Dauer im Keller, wo die Temperaturen auch auf 8-10 °C heruntergehen sollten. Die Geschlechter können dabei getrennt in gut belüfteten Behältern, wie Plastikboxen von etwa

Praxistipp: Ob Tiere unter einem Jahr überwintert werden sollen, wird oft hitzig diskutiert. Immer wieder liest man, Tiere unter einem Jahr sollten nicht überwintert werden, da sie den Aufbau ihrer Fettreserven noch nicht abgeschlossen hätten. Andere Züchter argumentieren, dass im Gegenteil gerade Jungtiere die Winterruhe benötigen würden, damit der Knochenbau mit dem vorgelegten Wachstum Schritt halten könne. Verweigere man Jungtieren die erste Winterruhe, könne es passieren, dass sie ein Leben lang dieses Defizit nicht mehr aufholen könnten. Lediglich Tiere, die kurz zuvor krank gewesen wären, oder Tiere mit nachwachsendem Regenerat nach Verlust des Schwanzes sollten von der Winterruhe ausgenommen werden. Da die beiden Autoren dies selbst unterschiedlich handhaben, beschränkt sich dieses Buch diplomatisch auf die Nennung der jeweiligen Argumente.

30 x 30 cm Grundfläche ausgestattet mit Küchenpapier und eingerichtet mit einer Versteckhöhle und einer Trinkschale, untergebracht werden.

Auch in der Winterruhe verlassen die Leopardgeckos gelegentlich ihre Höhlen. Ihnen muss daher weiterhin frisches Trinkwasser zur Verfügung stehen. Danach wird in umgekehrter Reihenfolge wieder mit der Erhöhung der Temperatur und der Beleuchtung begonnen. Erst ab einer Temperatur von 25 °C, bei der das Verdauungssystem wieder reibungslos arbeitet, wird wieder gefüttert. Erst dann wird auch wieder mit der über den Zeitraum der Winterruhe ausgesetzten Terrarienbesprühung begonnen.

Foto: Thomas Hamann

Trotz der Unterschiede im Klima des großen Verbreitungsgebietes (abgebildet Afghanistan), gehört eine Winterruhe zur artgerechten Haltung des Leopardgeckos.

Paarung

Die Zucht von Leopardgeckos setzt geschlechtsreife Tiere voraus. Wie an anderer Stelle erwähnt, sollten Weibchen aber erst im Alter von zwei Jahren mit Männchen vergesellschaftet beziehungsweise verpaart werden.

In Paarungsbereitschaft kommen Leopardgeckos durch verschiedene Faktoren, sogenannte Schlüsselreize. Hierzu zählt unter anderem die Beendigung der Winterruhe mit anschließender, schrittweiser Erhöhung der Temperatur, die langsame Steigerung der Beleuchtungszeit und des Futterangebotes sowie vor allem natürlich die Vergesellschaftung der Geschlechter.

Zunächst zeigen die männlichen Leopardgeckos ein gesteigertes Interesse an den weiblichen Tieren, deren Geschlecht sie nach COOPER und STEEL (1997) über ausgeschiedene Sexualduftstoffe, sogenannte Pheromone, erkennen können. Bis zur eigentlichen Kopulation, meist zwischen März und September, vergehen aber noch bis zu 4 Wochen. Die Werbungen des Männchens werden bei geschlechtsreifen Tieren immer intensiver und das Weibchen wird auf Schritt und Tritt verfolgt. Während der Verfolgung ist zu beobachten, dass das Männchen damit beginnt, sehr stark mit der Schwanzspitze zu vibrieren. Seitliche Bisse in den Schwanz des Weibchens folgen. Ist das Weibchen paarungsbreit, lässt es dieses zu. Anschließend beißt sich das Männchen vom Schwanz, am Bauch entlang, bis hinauf zum Nacken. Am Nacken angekommen verbeißt es sich dort recht heftig. Spätere Hautabschürfungen in der Nackenregion belegen dieses Vorgehen. Während des gesamten Vorganges ist zu beobachten, dass sich die Weibchen sehr ruhig verhalten, sofern sie paarungsbereit sind.

Sobald das Männchen das Weibchen mit dem Nackenbiss fixiert hat, schiebt es seinen Kloakenbereich unter den des Weibchens und führt sein Geschlechtsorgan, den Hemipenes, in die Hemiklitoris des Weibchens. Nun folgt die eigentliche Kopulation. Diese dauert in der Regel nur wenige Minuten. Erfolgt keine Paarung, insbesondere nicht bei gemeinschaftlich gehaltenen Geschlechtern, wirkt eine ein- bis zweiwöchige Trennung oft stimulierend.

Praxistipp: Wer die Möglichkeit besitzt, sollte die männlichen Leopardgeckos nach der Verpaarung von den Weibchen trennen, um diese nicht den permanenten Nachstellungen der Männchen und damit unnötigem Stress auszusetzen.

Beobachten Sie zur Paarung frisch zusammengesetzte Geschlechter. Nicht nur Männchen können ungestüm sein, auch paarungsunwillige Weibchen können Bisswunden zufügen.

Fotos: David Kreipner

Bei der Paarung schiebt das Männchen seinen Kloakenbereich zur Kopulation unter das Weibchen. Zusätzlich zur Umklammerung verbeißt es sich in ihrem Nackenbereich.

Eiablage

Nach erfolgreicher Paarung vergehen einige Wochen bis zur Eiablage. Das Weibchen zeigt sich oft zwei Wochen nach der Paarung zunehmend aggressiver gegenüber dem Männchen, entwickelt einen größeren Appetit und nimmt an Umfang zu. Tragzeiten dauern etwa 3-4 Wochen, allerdings variieren die Zeiten stark und der Termin der Eiablage kann nicht exakt festgelegt werden. Zeiten der Trächtigkeit und deren Intervalle dazwischen hängen stark vom Ernährungszustand und der Versorgung des Weibchens mit Mineralien und Vitaminen ab (SEUFER et al., 2005). Mit dem Näherrücken des Termins sind Verhaltensweisen wie Unruhe, Lethargie oder aber eine gesteigerte Aggressivität, Stöbern, Grabversuche bis hin zur Einstellung der Futteraufnahme zu bemerken.

Die Weibchen suchen dann zur Eiablage grabfähiges, feuchtes Substrat auf. Dieses bringt man in Versteckplätzen ein. Hierfür eignen sich hervorragend Frischhalteboxen, die im Deckel mit einem ausreichend großen Loch zum Hinein- und Hinausklettern versehen und mit feinem Sand, Kies, einem Sand-Torfgemisch oder Kokoshumus ca. 4-5 cm hoch befüllt sind. In Terrarien, ausgestattet mit der bereits empfohlenen Wetbox, kündigt sich die Eiablage oft durch aufgewühltes Substrat vor der Einstiegsöffnung an.

Sobald ein potentieller Ablageplatz gefunden wurde, beginnen die Weibchen mit Probegrabungen. Stellt sich dieser als geeignet heraus, werden 2, seltener 1 oder 3 weichschalige Eier von mehr oder weniger 15 x 30 mm Größe im Substrat vergraben. Bei jüngeren oder erstmalig verpaarten Weibchen kann es zu unbefruchteten Gelegen kommen. Unbefruchtete Eier unterscheiden sich zunächst optisch nicht von befruchteten, verderben aber nach 1 bis 4 Wochen. Daneben kann es auch zu sogenannten Wachseiern kommen, die am gelblichen Aussehen und einer schmierigen Eioberfläche bereits zu erkennen sind und gleich aussortiert werden. Häufig werden diese von den Leopardgeckoweibchen auch nicht wie befruchtete oder unbefruchtete Eier vergraben.

Weibliche Leopardgeckos haben die Fähigkeit, das männliche Sperma zu speichern, was man als *Amphigonia retardata* bezeichnet. Je nach Alter und Konstitution des Weibchens können, einmal befruchtet, mehrere Gelege erfolgen. In der Regel legen Weibchen in unregelmäßigen Abständen zwischen 2 und 12

Wochen bis zu 6, maximal 10 Gelege in einer Saison ab. Nach Erfahrung des Autors Dirk Duscha legen Weibchen, die älter als 8 Jahre sind, weniger, die älter als 16 Jahre sind, kaum noch Eier. Andere Halter (Esther LAUE, persönliche Mitteilung) hatten Tiere, die im Alter von 28 Jahren noch Gelege produzierten, die dann aber nicht mehr inkubiert wurden.

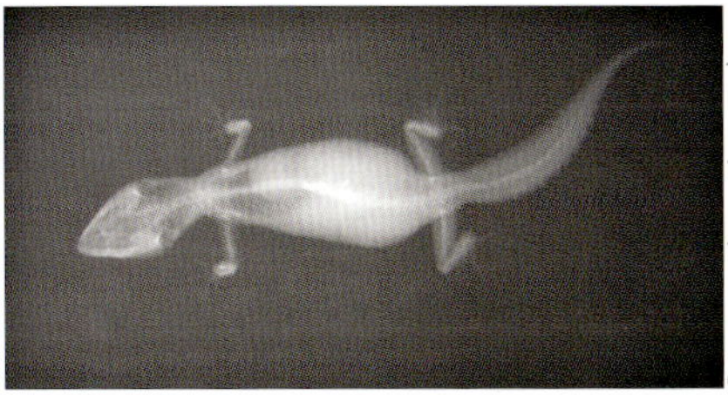

Foto: www.tierarzt-jamans.de

Das Fehlen geeigneter Ablageplätze kann zu einer für das Weibchen tödlich endenden Legenot, dem Unvermögen, die entwickelten Eier abzulegen, führen.

Foto: David Kreipner

Ein Eiablageplatz kann mit einfachen Mitteln, wie einem Blumentopf, einem Stück Korkrinde und Vermiculit Inkubationssubstrat geschaffen werden.

Inkubation

Zur Entwicklung benötigen die weichschaligen Eier möglichst gleichmäßige Temperaturen und eine konstante Substratfeuchtigkeit. Innerhalb des Terrariums ist es schwer, diese Voraussetzungen zu schaffen. Nach der Ablage sind die Eier noch weich und empfindlich. Nach einigen Stunden robuster, können die Eier, die zum Schlupf gebracht werden sollen, in einen Inkubationsbehälter überführt werden.

Dies kann eine gesäuberte Heimchendose sein. Auf einer Seite drückt man den Deckel fest, auf der anderen schafft man, ggf. durch Hineinstecken eines Gegenstandes, einen etwa 1 cm großen Spalt. So ist eine Schräge geschaffen, an der Schwitzwasser ablaufen kann und nicht schädigend auf die Eier tropft. Die Inkubationsbehälter werden mit einem befeuchteten Inkubationssubstrat wie Vermiculite oder Perlite befüllt. Rösler (2005) empfiehlt, trockenes Vermiculite oder Perlite im Verhältnis 2:1 mit Wasser zu mischen. Köhler (2004) weist darauf hin, dass es gerade bei Vermiculite aufgrund der verschiedenen Partikelgrößen zu unterschiedlichen Mischungsverhältnissen kommen kann. Das Substrat sollte letztendlich so feucht sein, dass es beim Zerdrücken zwischen den Fingern nicht mehr tropft.

Bewährt hat es sich, in das Brutsubstrat zuvor für jedes Ei mit dem Finger eine flache Mulde zu formen, in die es anschließend gelegt wird. Wichtig ist es, die Eier nicht in der Lage zu verändern, wie sie dem Eiablageplatz entnommen wurden, und bis zum Schlupf nicht mehr zu bewegen. Es besteht die Gefahr, dass der Fötus durch Veränderung der Position der Eipole vom Dottersack erdrückt wird, da im Ei keine Hagelschnüre wie bei Vogeleiern vorhanden sind.

Die Inkubationsbehälter werden nun in das Brutgerät, den Inkubator gestellt. Dieser sollte bereits einige Tage eingelaufen und darauf überprüft worden sein, Temperatur und Luftfeuchtigkeit zu halten. Um die nötige Feuchtigkeit zu gewährleisten, verschließt man die Behälter und sorgt nur bei der wöchentlichen Kontrolle für den nötigen Gasaustausch. Einen eventuellen Wasserverlust kann man durch Wiegen der Inkubationsbehälter oder an der hellen Färbung des Brutsubstrates feststellen und durch die Zugabe von Leitungswasser ausgleichen. Bei der Kontrolle der Eier kann man feststellen, dass diese mit der Zeit wachsen.

Die Inkubationstemperaturen haben Einfluss auf das Geschlecht, die Farbe und auch auf das Verhalten der Tiere (DeVosjoli et al., 2005). Bei 29-30 °C entwickeln sich das Geschlechterverhältnis der Männchen zu den Weibchen von 1:3, bei 32,5 °C ist das Geschlechterverhältnis der Männchen zu den Weibchen umgekehrt 3:1, bei 26 °C entwickeln sich nur Weibchen (Seufer et al., 2005). Zur 100%igen Sicherheit der Geschlechtsbeeinflussung bedarf es aber eines zuverlässig temperaturgesteuerten Brutapparates. Optimal ist die Einstellung einer Nachtabsenkung der Temperatur, was nach Ansicht der Autoren zu kräftigeren Jungtieren führt.

Praxistipp: Machen Sie sich vor der Inkubation Gedanken, was mit den (vielen) Jungtieren geschehen soll. Wollen sie alle Eier inkubieren? Können Sie die Schlüpflinge bis zu 3 Monate mit einem abgabefähigen Gewicht von mindestens 15 g unterbringen? Sind Sie bereit, vor Abgabe die Kosten der Kotuntersuchung zu tragen? Der Markt für Leopardgeckonachzuchten ist eigentlich schon mehr als gesättigt.

Foto: David Kreipner

Die Inkubationstemperatur beeinflusst nicht nur die Schlupfdauer, sondern unter anderem auch die Geschlechter- und Farbentwicklung.

Foto: Thomas Hofmann

Schlupf & Aufzucht

Der Schlupf erfolgt nach ungefähr sechs Wochen, kann aber nicht exakt vorhergesagt werden. Höhere Temperaturen verkürzen, niedrige verlängern die Dauer. Seufer et al. (2005) geben für letzteren Fall bis zu 79 Tage an. Andere Halter (Esther Laue, persönliche Mitteilung) berichten von Inkubationszeiten von bis zu 121 Tagen.

Ein Schwitzen der Eier, bei dem sich kleine Wassertropfen auf der Eioberfläche bilden können, oder ein Einfallen der Eier sind keine generellen Aussagen über den bevorstehenden Schlupf. Dirk Duschas eigenen bisherigen Beobachtungen nach waren die Eier bis zum Schlupf hin prall und unverändert. Das sich im Ei befindliche Jungtier hat während seiner embryonalen Entwicklung einen Eizahn entwickelt, mit dessen Hilfe es die Eischale aufschlitzt. Erst jetzt kommt es zu einem Innendruckverlust, der das Ei zusammenfallen lässt (Rösler, 2005).

Der Schlupf aus dem Ei ist für das etwa 8 cm große Jungtier sehr kräftezehrend. Das zweite Jungtier – sofern man beide Eier inkubiert hat, aus denen ein Gelege ja in der Regel besteht – schlüpft, wenn nicht gleichzeitig, so doch häufig innerhalb der nächsten 24 Stunden ebenfalls. Nach Verlassen des Eies sollten Schlüpflingen noch etwa 12 bis 24 Stunden zum Ausruhen im Inkubationsbehälter belassen werden.

Praxistipp: Eier, aus denen nichts schlüpft, sollten nicht geöffnet werden. Ist ein Jungtier zu schwach, selbst zu schlüpfen, sollte es nicht aufgezogen und später verpaart werden. Die mangelnde Lebensvitalität wird womöglich noch weiter vererbt.

Danach werden sie in eine kleine Kunststoffschale mit gelochtem Deckel gesetzt. Der Boden von diesem Behälter ist dabei mit feuchtem Haushaltspapier ausgelegt. Dieses ist insofern wichtig, als dass ein Austrocknen des Schlüpflings verhindert wird. Auf der Bauchunterseite kann der eventuell noch nicht vollständig geschlossene Nabel zu sehen sein. Nach dem Abheilen und der ersten Häutung, welches beides in der Regel in den ersten 1-2 Tagen geschieht, setzen die Leopardgeckos auch das erste Mal Kot ab. Erst ab diesem Zeitpunkt nehmen sie auch zum ersten Mal, der Größe entsprechend angebotenes Futter an. Jetzt können sie im nächstgrößeren

Behältnis vergesellschaftet werden. Das Aufzuchtterrarium sollte sich der Größe der Nachzuchten anpassen und zweckmäßig eingerichtet sein. Unerlässlich ist eine kleine Schale mit Wasser. Hierzu haben sich Verschlüsse von PET Flaschen als sehr praktisch erwiesen. Zu große und hohe Schalen werden von den Jungtieren nicht erreicht. Außerdem können sie darin, einmal hineingerutscht, ertrinken. Bis zu einem ungefähren Alter von etwa 6 Monaten können Jungtiere problemlos zusammen gehalten werden. Terrarien mit den Maßen 60 x 30 x 30 cm haben sich zur Aufzucht von 3-4 Jungtieren bewährt. Die Dekoration erfolgt wie bei Terrarien für ausgewachsene Tiere. Statt einer Wärmelampe, für welche die Höhe im Terrarium fehlt, kann 1/3 der Grundfläche mit einer Heizmatte erwärmt werden. Der Boden des Terrariums wird mit Küchenvliespapier ausgestattet. Die Fütterung der Jungtiere erfolgt mit so vielen kleinen Heimchen oder Schaben, wie in kurzer Zeit gefressen werden. Darüber hinaus ist gerade bei Jungtieren die Versorgung mit Kalzium wichtig.

Fotos: David Kreipner

Ist das erste Jungtier geschlüpft, folgen die Geschwister meist innerhalb eines Tages.

Foto: Thomas Beitz

Grundlagen der Zucht

Um die Entstehung der immer zahlreicher werdenden Farbvarianten zu verstehen, sollen an dieser Stelle einführend in die Thematik Grundkenntnisse vermittelt werden. Wichtig ist bei der Farbzucht das Studium der einzelnen Merkmale, deren Vererbung und der daraus resultierenden Ergebnisse. So werden Zufallsergebnisse vermieden und gezielte Zuchtbemühungen für bestimmte Merkmale möglich. Wer sich intensiver mit Genetik beschäftigen möchte, findet mit Broghammer (1998) sowie Poschadel & Plath (2012), sehr empfehlenswerte, weiterführende Fachbücher (*siehe Literaturverzeichnis*).

Maßgebend für eine vom Wildtyp abweichende Erscheinungsform sind die Erkenntnisse des Augustinermönches Gregor Mendel im 19. Jahrhundert, der in zahlreichen Experimenten mit Erbsenpflanzen allgemeingültige Regeln für das gezielte Verpaaren nach mathematischen Aspekten zur Kreuzung erstellt hat. Erbinformationen werden grundsätzlich jeweils zu 50 % vom männlichen und vom weiblichen Tier an die Jungtiere weitervererbt. Diese Erbinformationen können sich in ihrer Ausprägung gegenseitig behindern. Dies resultiert daraus, dass bestimmte Merkmale über ein anderes Merkmal dominieren können beziehungsweise sich dominieren lassen. Solche Merkmale werden in der Genetik **dominante** bzw. im letzteren Fall **rezessive** Merkmale genannt. In einem „dominant – rezessiven Erbgang" ist für den Betrachter äußerlich, also phänotypisch, immer nur die stärkere, dominierende Ausprägung sichtbar. Das unterdrückte ist nicht sichtbar, obwohl in den Geninformation, also genotypisch, vorhanden. Ein dem Wildtyp optisch entsprechender Gecko kann dennoch die genetische Veranlagung für Albinismus in sich tragen.

Steigen wir dazu etwas tiefer in die Genetik ein. Jede Erbgutinformation ist in den Chromosomen gespeichert, die sich im Zellkern jeder Zelle befinden. Chromosomen sind lange, fadenartige Strukturen aus DNS (Desoxyribonukleinsäure) und Proteinen. Chromosome liegen immer doppelt vor, ein Teil stammt aus der väterlichen, ein Teil aus der mütterlichen Seite. Auf den Chromosomen liegen Gene, eigentlich sind das bestimmte Abschnitte, die durch komplizierte Vorgänge „gelesen" werden können. Die Gene liegen an den gleichen Stellen der beiden Chromosome, enthalten aber nicht immer die gleiche

Information, wie zum Beispiel die Ausprägung der Hautfarbe. Unterschiedliche Versionen eines Gens werden als Allel bezeichnet. Rezessive Allele kommen nur zur Ausprägung, wenn sie doppelt vorliegen und nicht durch ein dominantes Allel unterdrückt werden. Daher weiß man bei Ausprägung, dass die Lebewesen reinerbig für das rezessive Allel sind. Bei dominanten Allelen weiß man das nicht. Dazu ein einfaches Beispiel. Beim Menschen sind grüne Augen rezessiv, braune Augen dominant. Hat ein Mensch grüne Augen, müssen die Allele beider Eltern rezessiv grün sein. Hat ein Mensch braune Augen, ist nicht klar, ob beide Allele dominant braun sind oder er auch ein grünes Allel hat, das aber von einem braunen unterdrückt wird. Wie sich Autor Oliver Drewes noch aus dem Schulunterricht erinnert, kann ein Paar mit grünen Augen also kein Kind mit braunen Augen bekommen. Dagegen kann ein Paar mit braunen Augen auch ein Kind mit grünen Augen bekommen, wenn beide Elternteile Träger des rezessiv grünen Allels sind, das bei beiden durch die Dominanz des braunen Allels nicht zum Ausdruck kommt.

Ein Nachwuchs wird als homozygot bezeichnet, wenn er eine jeweils identische Erbinformation von Vater und Mutter für dasselbe Merkmal vererbt bekommen hat. Er kann homozygot für ein dominantes (braune Augen) oder homozygot für ein rezessives (grüne Augen) Merkmal sein.

Als heterozygot wird ein Nachkomme bezeichnet, der von Vater und Mutter für dasselbe Merkmal eine unterschiedliche Erbinformationen (grüne oder braune Augen) bekommen hat. Optisch tritt die dominante Veranlagung (braune Augen) auf, vererbt wird auch die rezessive (grüne Augen).

Neben der Ausbildung eines Merkmals über die Erbanlagen können auch Umwelteinflüsse eine Auswirkung auf das Erscheinungsbild haben. Bei Geckos haben neuere Untersuchungen gezeigt, dass zusätzlich auch die Inkubationstemperatur Einfluss auf die Farbausprägung haben kann (De Vosjoli et al., 2005). Es besteht die Annahme, dass bei höheren Inkubationstemperaturen hellere, leuchtendere Farben bei den Jungtieren erzielt werden, weil die Pigmentbildung reduziert wird.

Nicht nur die Farbe und die Zeichnung der Geckos lässt sich gezielt beeinflussen. Auch die Größe ist in den Genen verankert. So gelang im Mai 2001 erstmalig (De Vosjoli et al. 2005) die Nachzucht von besonders großen Leopardgeckos, die man als **Giants** bezeichnet.

Super Hypo Tangerine Carrottail Baldy

Foto: Guido Busch

Selektionszucht

Dominante und rezessive Merkmale

Zum dominanten Erbgang erklärt Broghammer (1998) treffend, dass dies ein Schutzmechanismus der Natur ist. Dieser stellt sicher, dass bei einer jeweils fehlerhaften oder nicht vollständig weitergegebenen Information durch eines der Elterntiere, die jeweils „korrekte" dominiert.

Als dominante Merkmale nennt Tremper (2012) **Enigma**, **TUG Snow** und, sofern durch weitere Forschung bestätigt, auch **White & Yellow**. Rezessive Merkmale treten bei Leopardgeckos in Erscheinung als die amelanistischen Linien **Rainwater-**, **Tremper-** und **Bell-Albinos** sowie laut Tremper (2012) **Blizzard**, **Murphy Patternless**, **Solid black eye colour** und **Marbled black eye colour**. Hassler (schriftl. Mitteilung 2015) fügt dem noch **Eclipse eye colour** hinzu.

Den amelanistischenen Formen fehlt das Melanin und jegliche Möglichkeit der Bildung schwarzer Pigmente. Albinos sind natürlich auch amelanistisch, amelanistische Tiere aber nicht zwangsläufig Albinos. Amelanismus ist ein rezessives Merkmal. Sichtbar wird dieses erst, wenn es von beiden Elterntieren gemeinsam an die Tochtergeneration vererbt wird. Da dieses Merkmal nicht dominant ist, erhält man bei der Verpaarung eines Tieres mit rezessiven Merkmalen mit einem Wildtyp heterozygote Geckos, deren rezessive Merkmale phänotypisch aber nicht in Erscheinung treten. Alle drei oben genannten Albino-Linien sind genetisch unterschiedlichen Ursprungs. Somit führt eine Verpaarung untereinander bei allen Jungtieren zu einer Färbung, die der Wildform entspricht. Andere rezessive Merkmale führen zum Beispiel zu den Varianten **Blazing Blizzard**, **Blizzard**, **Patternless** und **Patternless Albino**, (Griesshammer & Köhler, 2009).

In siebzehn Jahren selektiver Zucht entstanden bei Ferry Zuurmond in den Niederlanden die **Black Nights**.

Foto: www.facebook.com/LeRoiLeopardgeckos

Kodominante Merkmale

Eine Kodominanz liegt vor, wenn beide Merkmale voll ausgeprägt sind und keines unterdrückt wird. Die Merkmale sind in der F1-Generation bereits im Phänotyp sichtbar. In der Leopardgeckozucht zählen zu diesen Sonderfällen die **Giants**, die **Mack Snow-** und **Tangelo**-Varianten (TREMPER, 2012). Kommt ein Merkmal dadurch zur vollen Ausprägung, weil das Tier zwei Kopien des bestimmten Gens trägt, wird die Silbe „Super" vorangestellt. **Super Hypos** zeigen noch weniger Flecken als **Hypos**, **Super Giants** sind noch größer als **Giants**.

Intermediäre Merkmale

Beim intermediären Erbgang zeigen die Jungtiere sozusagen eine Mittelstellung in der Ausprägung der vererbten Merkmale. Dieses wird in der Selektionszucht verwendet, um zum Beispiel Geckos zu züchten, die immer weniger Punkte in ihrer Zeichnung aufweisen. Hierzu werden jeweils die Geckos miteinander verpaart, welche die wenigsten Punkte aufweisen. Dieses wird so lange fortgesetzt, bis das Ergebnis erreicht ist. Aus intermediären Erbgängen sind zum Beispiel die Farbzuchten **Baldy**, **Carrothead**, **Carrottail**, **HighYellow**, **Hypomelanistic**, **Lavender** und **Tangerine** entstanden (GRIESSHAMMER & KÖHLER, 2009). Die Merkmale können genetisch betrachtet nicht als rezessiv und die Veranlagung nicht als heterozygot bezeichnet werden. Die Auswahlzucht hat jedoch die Ausprägung so stabilisiert, dass **Tangerine** gepaart mit **Tangerine** wieder **Tangerine** hervorbringen. Nur selektive Weiterzucht stellt sicher, dass die Nachkommen noch dem Erscheinungsbild entsprechen, für das eine eigene Farbbezeichnung vergeben wurde.

Zirka drei Monate altes **Hypo Tangerine** Jungtier.

Vererbungs-regeln

Die Uniformitätsregel nach Mendel

Die auch erste Mendelsche Regel genannte Uniformitätsregel besagt, dass im Falle einer Verpaarung, wobei jedes der einzelnen Elterntiere homozygot, also reinerbig für eine jeweils andere Ausprägung ist, die Folgegeneration nur das jeweils dominante Merkmal zeigt. Die F1-Generation ist damit heterozygot (= mischerbig). Sie sind gleich aussehend, uniform.

Die Spaltungsregel nach Mendel

Die auch zweite Mendelsche Regel genannte Spaltungsregel besagt, dass die Jungtiere bei einer Verpaarung von heterozygoten (= mischerbigen) Elterntieren nicht mehr uniform sind. Nur bei einem Teil der Jungtiere werden die zuvor phänotypischen Merkmale wieder sichtbar. Je nachdem, ob es sich um einen dominant-rezessiv oder kodominant verlaufenden Erbgang handelt, werden die Merkmale in unterschiedlichem Verhältnis zueinander auftreten. Zur Errechnung dieser Merkmale dient das sogenannte „Punnettsche Quadrat".

Das Punnettsche Quadrat

An zwei Beispielen im „Punnettschen Quadrat" soll dargestellt werden, wie man durch mathematische Berechnung das Ergebnis anteilsmäßig vorhersagen kann.

Im Folgenden soll hier das Verpaaren eines Wildtyps mit einem amelanistischen Gecko und die Verpaarung von zwei, jeweils heterozygoten Elterntieren für Amelanismus erläutert werden.

Wildtyp = A, amelanistisch = a
Elterntier 1 = AA, Elterntier 2 = aa

Das Ergebnis der Verpaarung eines Wildtyps mit einem amelanistischen Leopardgecko hat jeweils 4 x Aa, also vier heterozygote (= mischerbige) Nachzuchttiere zur Folge. Diese zeigen nur die Färbung der Wildform, da diese über die amelanistische Färbungsausprägung dominiert. Allesamt sind sie mischerbig für Amelanismus. Im Phänotyp ist dies für den Betrachter aber nicht erkennbar.

Wird nun im Anschluss ein wildfarbenes F1-Paar aus der obigen Kreuzung verpaart, stellt sich das Ergebnis wie folgt dar:

Wildtyp = A, amelanistisch = a
Elterntier 1 heterozygot = Aa
Elterntier 2 heterozygot = Aa

Das Ergebnis dieser Verpaarung aus heterozygot für Amelanismus veranlagten und noch ursprünglich dem Wildtyp entsprechend gefärbten Leopardgeckos zeigt sehr anschaulich das Ergebnis. Phänotypisch treten die Nachkommen im Verhältnis 3:1 auf, drei wildfarbene, ein amelanistisches Jungtier. Genotypisch treten die Nachkommen im Verhältnis 1:2:1 auf, ein der Wildform nach reinerbiges Tier (AA), zwei mischerbige Tiere (Aa) sowie ein reinerbig amelanistisches Jungtier (aa).

Überprüfung mischerbiger Merkmale durch Rückkreuzung

Kauft man vermeintlich mischerbige Tiere, ist es immer Vertrauenssache, weil man ihnen die Veranlagung für eine rezessive Eigenschaft nicht ansehen kann. Andererseits ist der Erwerb günstiger als der von reinerbig rezessiven Tieren.

Um herauszufinden, ob ein erworbenes Tier mischerbig ist, muss mit einem reinerbig rezessiven Tier „zurückgekreuzt" werden.

Ist das erworbene Tier wirklich mischerbig (Aa), ergeben sich aus der Verpaarung mit dem reinerbig rezessiven Tier (aa) unterschiedlich aussehende Nachzuchten, genotypisch Aa und aa im Verhältnis 1:1.

Bekommen wir hingegen nach der ersten Mendelschen Regel in der F1-Generation nur uniform gleich aussehende Tiere (Aa), kann das erworbene Tier nicht selbst mischerbig Aa gewesen sein.

Hat man kein reinerbig rezessives Tier zur Zucht, kauft man ein Pärchen der vermutlich mischerbig rezessiven Leopardgeckos. Mit 25%-iger Wahrscheinlichkeit kann man ein reinerbig rezessives Tier züchten.

Bei den übrigen Nachzuchten ist die Wahrscheinlichkeit 2:1, dass es wieder mischerbige Tiere sind.

Ist allerdings nur eines der beiden gekauften Tiere mischerbig (Aa), und das andere trägt reinerbig dominante Merkmale (AA), sehen in der F1-Generation alle Nachkommen gleich aus (entweder AA oder Aa). Erst das Weiter- oder Rückkreuzen kann ein reinerbig rezessives Tier zum Ergebnis haben.

Das Gesetz der freien Rekombination nach Mendel

In den bisherigen Beispielen wurden nur Tiere betrachtet, die sich in einem Merkmal unterscheiden, sogenannte monohybride Erbgänge. Interessant wird es, wenn sich die Tiere in zwei Merkmalen unterscheiden, sogenannte dihybride Erbgänge.

Im folgenden Beispiel nehmen wir Tiere, die heterozygot für die Gene Patternless und Amelanismus sind. Nun zeigt sich, warum die dritte Mendelsche Regel, das Gesetz der freien Rekombination, auch Unabhängigkeitsregel heißt. Da sich die beiden Allelpaare unabhängig voneinander vererben, treten genotypisch alle möglichen Kombinationen auf. Die 16 an der Zahl splitten sich im Verhältnis 9:3:3:1 auf.

Der Phänotyp Patternless Albino kommt nur einmal in der Kombination ppaa zur Ausprägung. Die 3 Albinos, die 3 Patternless und die 9 Wildtypen entsprechen sich jeweils im Phänotyp, aber nicht im Genotyp, was für die weitere Zucht elementar ist.

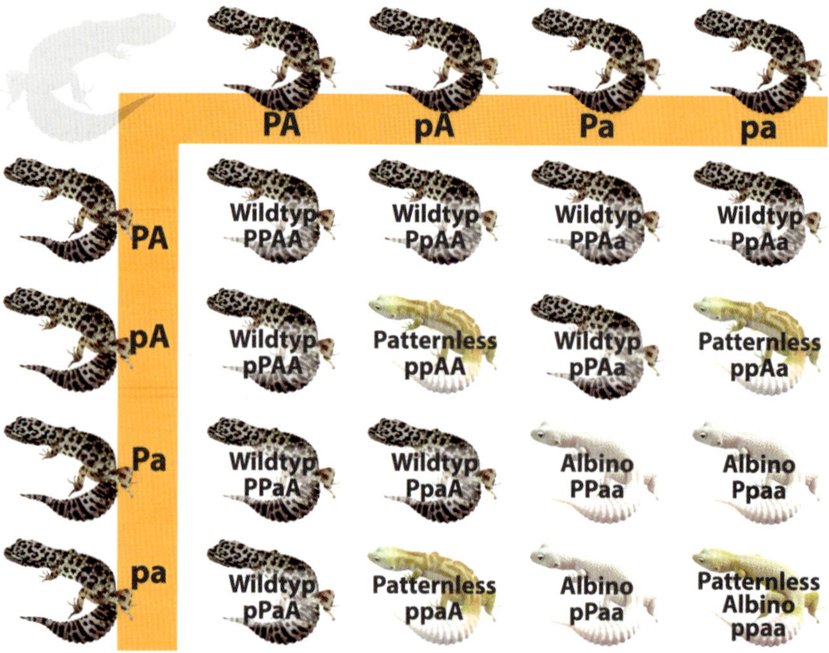

Einfluss der Inkubationstemperatur

Die Inkubationstemperatur hat einen entscheidenden Einfluss auf die Geschlechterentwicklung, die Farbentwicklung, das Verhalten, die Bildung von Anomalien sowie auf die Inkubationszeit des Geleges (Köhler, 2004). Bei der Inkubationstemperatur gibt es Ober- als auch Untergrenzen. Diese liegen bei 23 °C als Unter- und bei 35 °C als Obergrenze. Über oder unter den Grenzbereichen abweichende Temperaturen führen zum Absterben der Embryos. Optimal sind aber Bruttemperaturen zwischen 27 °C und 32 °C, die an die jeweiligen Extremwerte nicht heranreichen. Köhler (2004) gibt an, dass gerade von den Grenzbereichen abweichende Temperaturen mitverantwortlich für die Entstehung von Anomalien sein können. Die Inkubationstemperaturen werden hier als Zirkaangaben gemacht, da je nach Gerätetyp von minimalen Schwankungen im Messbereich ausgegangen werden muss. Rösler (2005) erwähnt für die Geschlechterausprägung, dass sich aus den Eiern, die in den ersten 30 Tagen nach der Eiablage bei 26 °C inkubiert wurden, weibliche und nach einer Inkubationstemperatur von 32 °C in den ersten 20 Tagen und länger männliche Leopardgeckos entwickelten. Der ideale Temperaturbereich zum gezielten Erbrüten von weiblichen Leopardgeckos liegt nach Henkel et al. (2000) bei 26 °C. Die Inkubationszeit bis zum Schlupf liegt bei diesen Temperaturen bei ca. 60 bis 70 Tagen. Weibliche Leopardgeckos, die bei höheren Temperaturen (über 33 °C) inkubiert wurden und als „heiße" Weibchen bezeichnet werden, können im Verhalten gegenüber Artgenossen aggressiver sein. Wer gezielt männliche Leopardgeckos inkubieren möchte, wählt einen Temperaturbereich um 31 °C bis 32 °C.

Die Inkubationstemperatur hat Einfluss auf die Farbpigmentierung. Je höher die Inkubationstemperatur gewählt wird, umso geringer ist das Auftreten dunkler Pigmentierung (De Vosjoli et al., 2005). Die zitierten Autoren nennen zum gezielten Erbrüten weiblicher Leopardgeckos, die des Weiteren noch eine helle Färbung aufweisen sollen, Werte von 26 °C innerhalb der ersten 21 Tage. Anschließend soll ihren Angaben zufolge die Temperatur auf 31 °C erhöht und bis zum Schlupf beibehalten werden.

HILFREICHE ADRESSEN

Bundesministerium für Ernährung und Landwirtschaft und Verbraucherschutz. Referat Tierschutz, Postfach: 14 02 70 Bonn, Tel.: 0228/529-0, www.bml.de, poststelle@bmelv.bund.de

Deutsche Gesellschaft für Herpetologie und Terrarienkunde (DGHT) e.V., Geschäftsstelle, Postfach 120433, 68055 Mannheim, Tel.: 0621-86256490, www.dght.de, gs@dght.de

Exomed, Institut für veterinärmedizinische Betreuung niederer Wirbeltiere und Exoten, Erich Kurz Straße 7, 10319 Berlin, Tel.: 030/51 06 77 01, www.exomed.de, labor@exomed.de

Laboklin GmbH & Co.KG, Labor für medizinische Diagnostik, Steubenstrasse 4, 97688 Bad Kissingen, Tel.: 0971-72020, www.laboklin.de

Reptilienlabor, Tierärztliches Speziallabor für die Untersuchung von Reptilienproben, Beethovenstr. 6, 40233 Düsseldorf, www.reptilienlabor.de, tierarzt@biron.de

Tierärztliche Hochschule Hannover, Bünteweg 2, 30559 Hannover, Tel.: 0511/953-8050, www.tiho-hannover.de, presse@thio-hannover.de

Universität München, Institut für Zoologie, Fischereibiologie und Fischkrankheiten der tierärztlichen Fakultät, Kaulbachstraße 37, 80539 München

Verband Deutscher Vereine für Aquarien und Terrarienkunde e.V. (VDA), Luxemburger Straße 16, 44 789 Bochum, Tel.: 0234/381650, www.vda-online.de, info@vda-online.de

Österreich

Herpetologische Terraristische Vereinigung Österreichs (HTVÖ), Postfach 60, A-1225 Wien, Tel.: +43-(0)6 64/2 43 66 06, www.htvoe.at, info@htvoe.at

Österreichische Gesellschaft für Herpetologie (ÖGH), c/o Naturhistorisches Museum Wien, Burgring 7, A-1014 Wien, Tel.: +43-(0)1-52 17 72 86, www.herpetozoa.at, office@herpetozoa.at

Veterinärmedizinische Universität Wien, Institut für Biochemie, Prof. Dr. Franz Schwarzenberger, Veterinärplatz 1, A-1210 Wien, Tel.: +43-(0)1-25 07 70, www.vetmeduni.ac.at

Schweiz

Institut für Tierpathologie der Uni Bern, Herrn Horst Posthaus, Länggasstrasse 122, CH-3012 Bern, Tel.: +41-(0)3- 16 31 23 94, www.vetsuisse.unibe.ch

ZEITSCHRIFTEN & INTERNET

Zeitschriften

DRACO, **REPTILIA**, **TERRARIA**, Natur und Tier Verlag, An der Kleimannbrücke 39–41, 48157 Münster, Tel.: 02 51/13 33 90, Fax: 02 51/1 33 39 33, www.msverlag.de, verlag@msverlag.de

Gekko, The Journal of the Global Gecko Association, Global Gecko Association, c/o Charles Powell, II 2932 Sunburst Drive, San Jose, CA 95111-2264, USA, www.gekkota.com.

Sauria, Terrariengemeinschaft Berlin e.V., c/o Ullrich Manthey, Kindelbergweg 15, 12249 Berlin, Tel.: 030-7111160, www.sauria.de, abo@sauria.de

terraristik, Dähne Verlag, Am Erlengraben 8, 76275 Ettlingen, Tel.: 07243-575-0, Fax 07243-575-200, www.daehne.de, info@daehne.de

Internet

www.dght.de
www.bfn.de
www.bmelv.de
www.vivaria-verlag.de/Tierarzt.html

Deutschsprachige Leopardgeckoseiten

http://gecko-gecko.jimdo.com/farbformen/zeichnungsvarianten/
http://gecko-world.jimdo.com
http://hessen-leopardgeckos.jimdo.com/leopardgeckos/farb-und-zeichnungsvarianten/
http://leopardgeckos94.de
www.albino-leopardgeckos.de
www.dragoongecko.de
www.em-leopardgeckos.de
www.geckowelten.de
www.GV-Geckos.de.tl
www.jp-reptiles.de
www.leo-gecko.de
www.leopardgecko-rhein-main.de
www.leopard-geckos.net
www.macksnow-leopardgeckos.de
www.sunsetgeckos.ch

Englischsprachige Leopardgeckoseiten:

www.blogtalkradio.com/geckonationradio
www.designergeckos.com
www.dreamgeckos.com
www.geckosetc.com/care.html
www.geckotime.com
www.leopardgecko.com
www.leopardgeckowiki.com
www.ts-geckos.com
www.ultimategeckos.com
www.westcoastleopardgecko.com

GLOSSAR

adult: geschlechtsreif, erwachsen.

Allel: Information zur Ausprägung, je mit väterlichem und mütterlichem Ursprung.

Art: Einteilungsstufe der Systematik, die der Gattung untergeordnet ist. Biologisch betrachtet eine Gruppe von Individuen, die in allen wesentlichen erblichen Merkmalen übereinstimmen und in freier Natur fruchtbare Nachkommen hervorbringen.

Balz: Werbeverhalten eines Männchens gegenüber einem Weibchen zum Ziel der Fortpflanzung.

Biotop: Lebensraum einer Art.

dorsal: am Rücken, auf der Oberseite befindlich.

Dehydrierung: Austrocknung.

dominant: Zur Ausprägung gebrachte Information eines Allels, die nicht durch ein anderes unterdrückt wird.

Ektoparasit: an der Körperaußenseite befindlicher Parasit.

Embryo: Organismus, der sich aus der Eizelle entwickelt, bis hin zum selbst nahrungsaufnehmenden Tier.

Endoparasit: innerhalb des Körpers befindlicher Parasit.

Enzym: hochmolekularer Eiweißkörper, der die chemischen Reaktionen in der Zelle steuert.

Epidermis: oberste Hautschicht.

et al. = et alii, lateinisch für „und andere". Bei Literaturverweisen, wenn neben dem genannten weitere Autoren mitgewirkt haben.

Familie: Einteilungsstufe der Systematik, die der Klasse und Ordnung folgt.

Femoralporen: Drüsen bei Echsen auf der Innenseite der Oberschenkel. Bei Männchen in der Paarungszeit stark ausgeprägt.

Gattung: Einteilungsstufe der Systematik, die der Art übergeordnet ist.

Gen: Teil der DNA, des Erbgutes, der ein bestimmtes Merkmal codiert.

Genotyp: Genetische Konstitution eines Organismus.

Gesamtlänge (GL): Maß für die Körperlänge von der Schnauze- bis zur Schwanzspitze.

Geschlechtsdimorphismus: unterschiedliches Aussehen männlicher und weiblicher Individuen.

Habitat: Vorkommen bzw. Verbreitungsgebiet einer Art.

Hemipenes: paariges Geschlechtsorgan bei männlichen Reptilien.

Herpetologie: Lehre von den Amphibien und Reptilien.

heterozygot: Träger nur eines rezessiven Allels, das an Nachkommen weitergegeben werden kann, aber nicht sichtbar ausgeprägt wird. Synonyme Bezeichnung ist: mischerbig.

homozygot: Träger zwei gleicher Allele, was sichtbar ausgeprägt wird. Synonyme Bezeichnung ist: reinerbig.

Inkubation: Ausbrüten von Eiern.

Jacobson'sche Organ: paariges Geruchssinnesorgan im Mundhöhlendach.

juvenil: jugendlich, noch nicht geschlechtsreif.

keratophag: Haut fressend.

Klasse: Einteilungsstufe der Systematik der die Ordnung folgt.

Kloake: Öffnung für Geschlechts- und Ausscheidungsprodukte.

Kodominanz: beide Merkmale sind voll ausgeprägt, keines wird unterdrückt.
Kopf-Rumpf-Länge (KRL): Maß vom Anfang der Schnauze bis zur Kloakenöffnung.
Kopulation: Begattung, Paarung.
lateral: an der Seite befindlich.
Wildform: Ursprüngliche Form der Art, auf der die Zuchtvarianten basieren.
Ordnung: Einteilungsstufe der Systematik, die der Klasse unter- und der Unterordnung übergeordnet ist.
Parasit: Schädling.
Phänotyp: Das äußere Erscheinungsbild eines Organismus in Größe , Form und Farbe; der physische Ausdruck seiner Geninformation.
poikilotherm: wechselwarm.
Population: Gesamtheit der Individuen einer Art innerhalb eines bestimmten Gebiets, die eine Fortpflanzungsgemeinschaft bilden.
Postanalschuppen: direkt hinter der Kloake befindliche Schuppen.
Präanalporen: direkt vor der Kloake befindliche vergrößerte Drüsen, die bei vielen Arten wichtig zur Geschlechtsunterscheidung sind.
Präanofemoralporen: Gesamtheit der Präanal und Femoralporen.
Quarantäne: vorübergehende räumliche Isolation von Tieren, um Krankheiten nicht in den eigenen Tierbestand einzuschleppen.
Relative Luftfeuchtigkeit: ist die jeweils momentan in der Luft vorhandene Feuchtigkeit.
Rachitis: Krankheit, bei der die Knochen durch einen Mangel an Kalzium und/oder Vitamin D_3 erweichen.
rezessiv: Allel, das von einem dominanten Allel unterdrückt wird. Zur Ausprägung der Information kommt es nur, wenn das Gen aus zwei rezessiven Allelen besteht.
Regenerat: der nach Abwurf des Originals nachwachsende Schwanz.
Revier: abgegrenztes Gebiet, das ein Tier als sein eigenes betrachtet und entsprechend verteidigt.
Schwanzlänge (SL): Maß von der Kloake bis zum Schwanzende.
Schwanzwurzel: Stelle am Übergang zwischen Schwanz und Körper.
Substrat: Synonym für Bodengrund oder Inkubationsmaterial.
Sukkulenten: Pflanzen mit der Fähigkeit, in Stamm, Wurzeln oder Blättern Wasser zu speichern.
Synonym: umgangssprachlich: alternativer Begriff; wissenschaftlich: veraltete Bezeichnung.
Systematik: Einteilung des Tierreiches nach natürlichen Verwandtschaftsverhältnissen.
Taxonomie: Lehre der Determinierung und Beschreibung von Arten unter Verwendung einer wissenschaftlichen Namensgebung.
territorial: revierverteidigend.
terrestrisch: im oder am Boden lebend, im weiteren SInn landlebend; Gegensatz von aquatil.
Unterart: kleinste Einteilungsstufe der Systematik, die der Art nachgeordnet ist.
Wildtyp-Gene: die Gene, die in der Mehrzahl von Wildtieren einer Spezies zu finden sind.
Zeitigung: Inkubation / Erbrüten der Eier.

Literaturverzeichnis

Die aufgeführten Bücher wurden zur Recherche des vorliegenden Buches über Leopardgeckos herangezogen oder werden zum weiteren Selbststudium empfohlen:

ANDERSON, S.C. (Reprint 1999): Lizards of Iran (Contribution to herpetology, Vol. 15). Society for the Study of Amphibians and Reptiles. Library of Congress Catalog Number 99-70849, 450 S.

ANGILETTA, M. J., MONTGOMMERY, L. G. & WERNER, Y. (1999): Temperature preferences in geckos: Diel variation in juveniles and adults. Herpetologica 55 (2): S. 212-222.

BÖRNER, A.R. (1976): Second contribution of the southwest asian geckonid genus Eublepharis Gray, 1827: Materials form Indiansubcontinent.Saurol,Köln,2:1-15.

BÖRNER, A.R. (1981): The genera of Asian eublepharinae geckos and a hypothesis of their phylogeny. Saurol, Köln, 9: 1-147.

BROGHAMMER, S. (1998): Albinos. Farb- und Zeichnungsvarianten bei Schlangen und anderen Reptilien. Chimaira, Buchhandelsgesellschaft mbH, Frankfurt am Main. 95 S.

BRUSE, F. & WERNING, H. (2004): Futtertiere selber züchten ein Problem? Reptilia Nr. 49. Natur und Tier Verlag Münster. S. 20-26

BRUSE, F., MEYER, M. & SCHMIDT, W. (2003): Futtertiere. Chimaira Buchhandelsgesellschaft mbH, Frankfurt am Main. 143 S.

COOPER, W. E. & STELL, L. J. (1997): Pheromonal discrimination of sex by male and female leopard geckos (Eubelpharis macularius). Journal of Chemical Evolution 23 (12): S. 2967-2977

DE VOSJOLI, P., TREMPER, R. & KLINGENBERG., R. (2005): The Herpetoculture of Leopard Geckos, Bowtie Verlag, 259 S.

DUSCHA, D. (2006): Der Leopardgecko. Reptilia Nr. 57. Natur und Tier Verlag, Münster. S. 20-29

FRIEDRICH, U. & VOLLAND, W. (1998): Futtertierzucht: Lebendfutter für Vivarientiere. Ulmer Verlag, Stuttgart. 187 S.

GLEBE, D. (2012): Der neue Reptilien-Ratgeber: Leopardgeckos Eublepharis macularius.BooksonDemand,Norderstedt,132S.

GRISMER , L. L. (1988): Phylogeny, Taxonomy, Classification and Biogeography of Eublepharid Geckos. In: Estes, R. & G. Pregill (Eds). Phylogenetic Relationship of the Lizard Families. Stanford University Press, Stanford, California: 631 S., 369-469

GRIESSHAMMER, K. & KÖHLER, G. (2009): Leopardgeckos. Pflege, Zucht, Erkrankungen, Farbvarianten. Herpeton Verlag, Münster. 142 S.

HALLMEN, M. (2005): Farbzuchten. Reptilia Nr. 55. Natur und Tier Verlag, Münster. S. 23-32

HARTWIG, M. (2008): Der Leopardgecko Eublepharis macularius. Natur und Tier

Verlag, Münster. 64 S.

Henkel F. W., Knöthig, M. & Schmidt, W. (2000): Leopardgeckos. Natur und Tier Verlag, Münster. 79 S.

Henkel, F. W & Schmidt, W. (2009): Leopardgeckos. Natur und Tier Verlag, Münster. 156 S.

Keller, G. & Schneider, E. G. (2006): Leopardgeckos. Bede Verlag, Ruhmannsfelden. 96 S.

Khan, S. (2006): Lebensweise und Biologie des Leopardgeckos. Reptilia Nr. 57. Natur und Tier Verlag Münster. S. 30-35

Köhler, G. (1996): Krankheiten der Reptilien und Amphibien. Verlag Eugen Ulmer, Stuttgart. 168 S.

Köhler, G. (2004): Inkubation von Reptilieneiern. Herpeton Verlag, Offenbach. 205 S.

Kreutz, R. (2006): Farb- und Zeichnungsvarianten des Leopardgeckos. Reptilia Nr. 57. Natur und Tier Verlag Münster. S. 36-40

Merker, G., Merker, C., Bergmann, J. & Mazorling, T. (2006): Leopard Geckos. A complete guide to Eublepharis macularius. T F H Publications. 128 S.

Pente, L. (2000): The Leopard Gecko. Howell Book House. New York. 119 S.

Poschadel, J. R. & Plath, M. (2012): Genetik für Terrarianer: Grundlagen und Anwendung. Natur und Tier Verlag Münster. 87 S.

Rauh J. (2000): Grundlagen der Terrarienhaltung. Natur und Tier Verlag, Münster. 215 S.

Roehner R. (2014): The Leopard Gecko Advisor, A Designer Gecko Publication, Sedona, Arizona, USA, 175 S.

Rösler, H. (1995): Geckos der Welt. Urania Verlag, Leipzig-Jena-Berlin. 255 S.

Rösler, H. (2005): Vermehrung von Geckos. Herpeton Verlag, Offenbach. 270 S.

Seufer, H., Kaverkin, Y. & Kirschner, A. (2005): Die Lidgeckos. Kirschner & Seufer Verlag, Karlsruhe. 238 S.

Tremper, R. (2011): Leopard Gecko Pro – The Next Generations. App

Tremper, R. (2012): Leopard Geckos – The Next Generations. Selbstverlag. 200 S.

Wilms, T. (2004): Frösche in Gefahr. Reptilia Nr. 46. Natur und Tier Verlag, Münster. S. 56-62.

Zarudny, N. (1904): O gadych i rybach wostotschnoi persii. – Mem. Seco. Imper. Russe Geog. Sec. Geogr. Gener., St. Petersbourg, 36 (3): 1-42

Ein Regeneratschwanz kann sich deutlich vom Original unterscheiden.

Foto: http://reptile-base.jimdo.com

Stichwortverzeichnis

Die fett gedruckten Seitenzahlen verweisen auf Fotos.

Black Night & Diablo Blanco

Foto: www.facebook.com/LeRoiLeopardgeckos

Danksagung

An erster Stelle möchten wir uns bei den Fotoautoren in alphabetischer Reihenfolge für die Unterstützung mit Bildmaterial bedanken: Daniel Bohle, David Kreipner, Dennis Manthey (www.leopardgeckos94.de), Dirk Allert, Esther Laue, Eva-Maria Beck (www.wrb-gecko.npage.de), Franziska und Jürg Niederberger (www.sunsetgeckos.ch), Fritz Wüthrich, Gordon Ackermann, Guido Busch, Heiko Schneider, Jürgen Wagner (http://gecko-world.jimdo.com), Lisa Einsfelder, Maren Andres (www.papageien-leopardgeckos.de), Markus Ruppert, Maurice Jandausch (www.leopardgecko-vom-taunus.de), Melanie Burkhard (http://hessen-leopardgeckos.jimdo.com), Mesut Yilmaz (http://reptile-base.jimdo.com), Michaela Jamans (www.tierarzt-jamans.de), Ozan Angün (www.biotropics.com), Ralf Jakobs, Rebecca Hassler (www.dragoongecko.com), Reptilica.de, Sven Schulze, Thomas Beitz, Thomas Hamann und Thomas Hofmann. Dank gilt auch dem Tropenparadies, Oberhausen (www.tropenparadies.org), das alle von Benny Trapp (www.trappfoto.de) fotografierten Tiere entliehen hat. Helmut Vogelsang (www.grafik-plus.de) sagen wir Danke für die gelungenen Illustrationen. Franziska und Jürg Niederberger (www.sunsetgeckos.ch) danken wir für das Korrekturlesen des gesamten Manuskriptes. Esther Laue und Lisa Einsfelder danken wir für das Korrekturlesen des Allgemeinteils des Buches. Esther Laue darüber hinaus für ihre Ergänzung der systematischen Übersicht. Jürgen Wagner (www.gecko-world.jimdo.com) danken wir für das Korrekturlesen des Farbvariantenteils und die Ratschläge zur Bild- und Morphenauswahl. Großer Dank gilt Rebecca Hassler (www.dragoongecko.com), die wir erfreulicherweise für das Fachlektorat gewinnen konnten. Dank gilt auch der Tierärztin Michaela Jamans, Salzgitter, die Dirk Duscha bei Fachfragen sehr behilflich war. Sabine Nasitta und Alex Wyss (www.pogona.ch) danken wir für Hinweise auf Besonderheiten beim Erwerb in der Schweiz. Dirk Duscha dankt in ganz besonderem Maße seiner Frau Martina und seinem Sohn Robin, die ihn während der intensiven Zeit des Schreibens unterstützt und ihm den Aufenthalt am Schreibtisch so angenehm wie möglich gestalteten.

Special thanks for photo supply and support to our international contacts Alberto Cadolini (www.amgecko.com), Brian Hansbrow (www.geckodaddy.com), Ferry Zuurmond und Roy Sluiter (www.facebook.com/LeRoiLeopardgeckos), Jakub Doležel (www.leopard-gecko-cz.com), Jeff Galewood (www.jmgreptile.com), Lori Stewart (www.theurbangecko.com), Marcia McGuiness (www.goldengategeckos.com), Matt Baronak (www.facebook.com/sasobekreptiles), Raisa and Sergey Prohorchik (www.sprept.com), René und Yvonne van den Brand, *Ron Tremper (www.leopardgecko.com) and Steve Sykes (www.geckosetc.com).*

Die Autoren

Dirk Duscha, 1968 in Salzgitter geboren, pflegt und züchtet mit besonderer Leidenschaft für Farbvarianten seit vielen Jahren erfolgreich Leopardgeckos. Beruflich erlernte er den Beruf des Zahntechnikers, den er viele Jahre ausübte. Während seiner Zeit als Beamter in einer niedersächsischen Justizvollzugsanstalt betreute er dort in der Freizeit eine durch ihn mit Insassen gegründete Terrariengruppe. Heute ist Dirk Duscha als Beamter in einer sozialtherapeutischen Abteilung des Justizvollzugs tätig. Einen Teil seiner Freizeit widmet er nach wie vor Leopardgeckos.

Oliver Drewes, geboren 1970 in Haan, begeistert sich seit frühestem Kindesalter für die Zierfisch- und Terrarientierhaltung. Nach dem Abitur fiel ihm die Wahl zwischen einem Biologie- oder Grafikdesignstudium schwer. Stattdessen entschied er sich jedoch für die Ausbildung zum Industriekaufmann und ein Studium der Betriebswirtschaft. Fünfzehn Jahre arbeitete er in leitenden Positionen der Heimtierbedarfsindustrie. Nebenberuflich arbeitete Oliver Drewes als Autor für den Wachtberg, Gräfe & Unzer sowie Dähne Verlag. 2005 gründete er den VIVARIA Verlag.

Publikationen des VIVARIA Verlags:

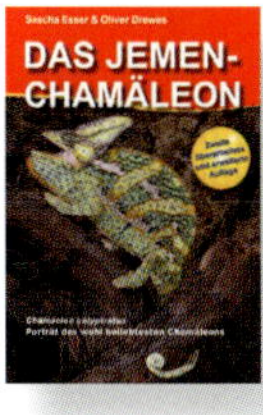

DAS JEMENCHAMÄLEON vermittelt Grundlagen der Haltung sowie Basiswissen über Klimaansprüche, Pflege und Ernährung der beliebten Art *Chamaelo calyptratus*.

Esser, S. / Drewes, O.: 80 S., Abb., ISBN 978-3-9813176-7-1

NEU: überarbeitete Auflage 2015

KOMPAKTWISSEN TAGGECKOS beschreibt die beliebtesten Phelsumenarten. Für alle, die sich auch für andere Arten als *Phelsuma madagascariensis grandis* interessieren.

Drewes, O.: 96 S., 90 Abb., ISBN 978-3-9810412-1-7

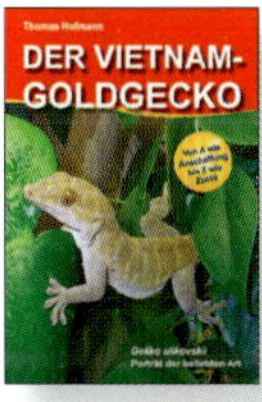

DER VIETNAM-GOLDGECKO befasst sich mit Haltung, Pflege, Ernährung und Zucht der in den letzten Jahren immer öfter angebotenen Art *Gekko badenii*, früher bezeichnet als *Gekko ulikovskii*.

Hofmann, T.: 64 S., 48 Abb., ISBN 978-3-9810412-9-3

KOMPAKTWISSEN AGAMEN porträtiert ausführlich und großzügig bebildert, ergänzt durch einen umfangreichen Allgemeinteil über Pflege, Ernährung und Terrariengestaltung, die beliebtesten Agamenarten.

Drewes, O.: 288 S., 348 Abb., ISBN 978-3-9810412-5-5

DIE CHINESISCHE BERGAGAME stellt die beliebte Art Japalura splendida vor. Für herausragende Zuchterfolge wurde die Autorin 2004 mit dem Alfred-A.-Schmidt-Preis ausgezeichnet.

Laue, E.: 96 S., 48 Abb., ISBN 978-3-9810412-2-4

DIE BARTAGAME, ZWERGBARTAGAME & AUSTRALISCHE TAUBAGAME beschreibt die beliebten Arten *Pogona vitticeps* und *P. henrylawsoni* sowie die für kleine Terrarien interessanten *Tympanocryptis tetraporophora*.

Freynik, C / Drewes, O.: 80 S., 62 Abb., ISBN 978-3-9813176-4-0

HALTUNGSGRUNDLAGEN DER KORNNATTER befasst sich mit Anschaffung, Verhalten im Terrarium, Terrarieneinrichtung und -technik, Ernährung sowie Pflege und Vermehrung. Daneben mit Grundlagen der Morphologie, Taxonomie und dem natürlichen Lebensraum der Kornnatter.
Glaß, M / Bohle, D.: 64 S., 64 Abb., ISBN 978-3-9813176-5-7

FARB- UND ZEICHNUNGSVARIANTEN DER KORNNATTER beschreibt über 100 Farbformen durch Mutationszucht mit genetischen Farb- und Zeichnungsvarianten, Auswahl- und Linienzucht sowie komplexe Farb- und Musterkombinationen und stellt über 200 Varianten mit 300 Fotos dar.
Glaß, M / Bohle, D.: 160 S., 304 Abb., ISBN 978-3-9813176-6-4

DAS TROCKENTERRARIUM UND SEINE BEWOHNER beschreibt den je nach Art der Einrichtung als Wüsten-, Steppen- und Savannenterrarium bezeichneten Terrarientyp und porträtiert die dafür beliebtesten Tierarten.
Drewes, O.: 96 S., 104 Abb., ISBN 978-3-9813176-0-2

DAS WALDTERRARIUM UND SEINE BEWOHNER beschreibt den auch als halbfeucht- oder halbtrocken bezeichneten Terrarientyp und porträtiert die dafür beliebtesten Tierarten.
Drewes, O.: 96 S., 116 Abb., ISBN 978-3-9813176-1-9

DAS REGENWALDTERRARIUM UND SEINE BEWOHNER beschreibt den auch als Feucht- oder Urwaldterrarium bezeichneten Terrarientyp und porträtiert die dafür beliebtesten Tierarten.
Drewes, O.: 96 S., 115 Abb., ISBN 978-3-9813176-2-6

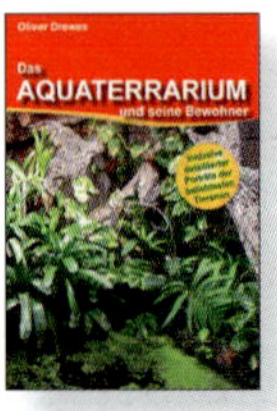

DAS AQUATERRARIUM UND SEINE BEWOHNER beschreibt den in Sumpfterrarium (Paludarium) oder Uferterrarium (Riparium) unterschiedenen Terrarientyp und porträtiert die dafür beliebtesten Tierarten.
Drewes, O.: 96 S., 104 Abb., ISBN 978-3-9813176-3-3

Nachtwallfahrtskapelle Locherboden

Mötz, Tirol

Wettbewerb

1995

Ausführung

August bis September 1996

Architekt

Gerold Wiederin

Statik

Manfred Zeissel

Glasarbeit im Sakristeibereich

Helmut Federle

Bauherr

Pfarramt Mötz, Pfarrer Cons. P. Johannes Messner O. Cist

Betreuung des Wettbewerbs

Dorferneuerung Tirol

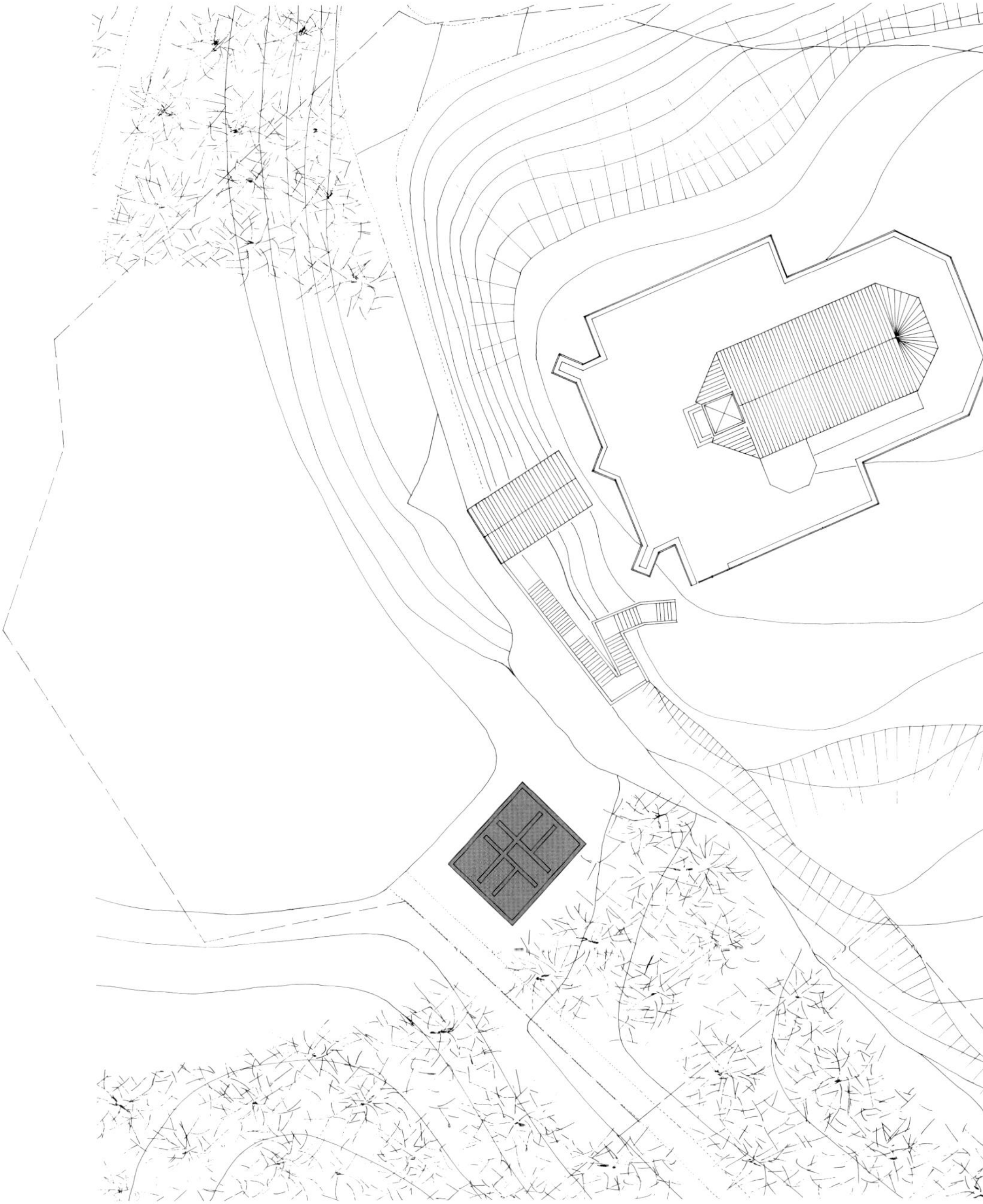

N

Grundriß

9

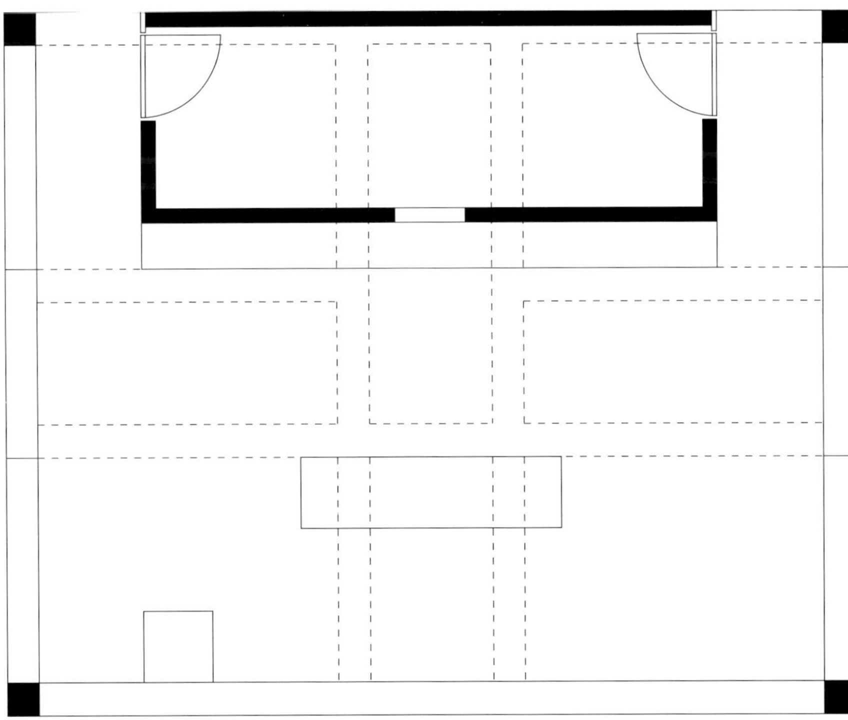

Seitenansicht

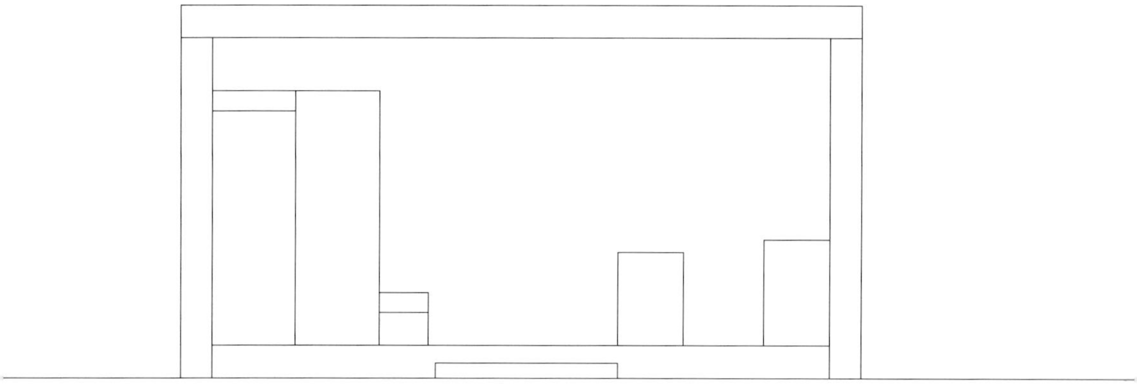

Vorderansicht

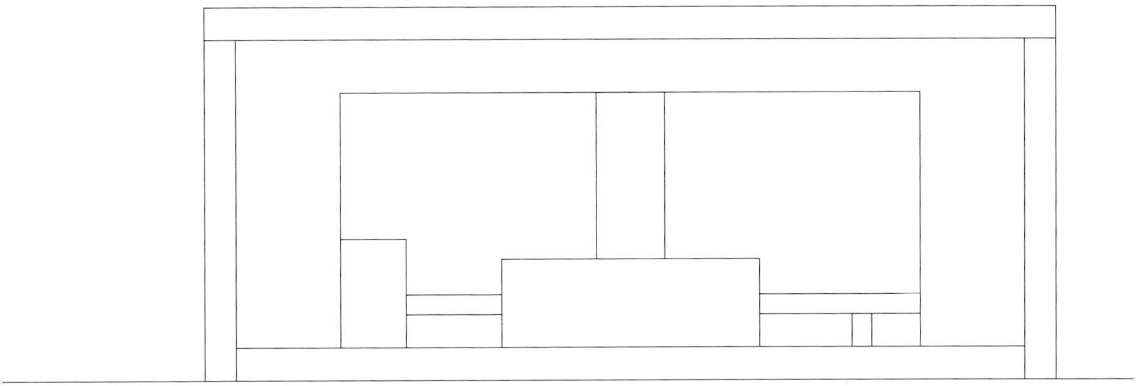

11

Rückansicht

Längsschnitt

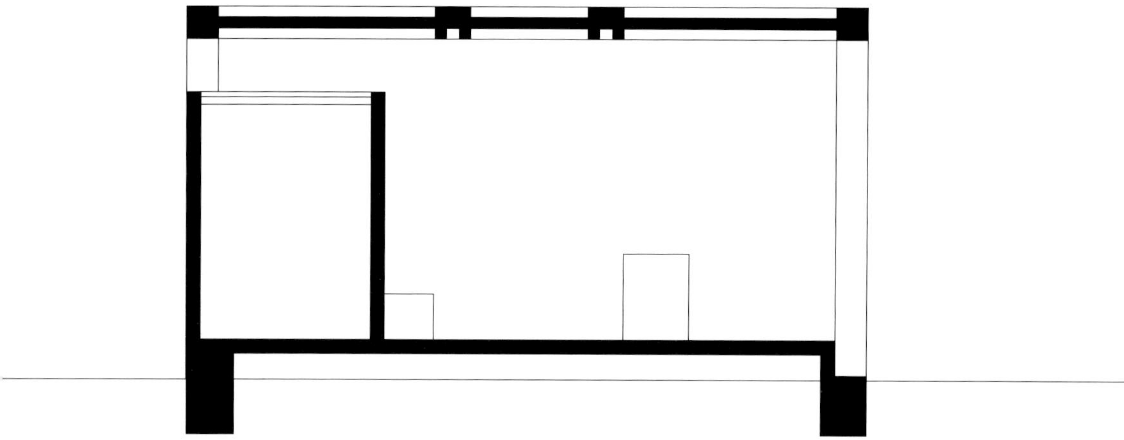

Querschnitt

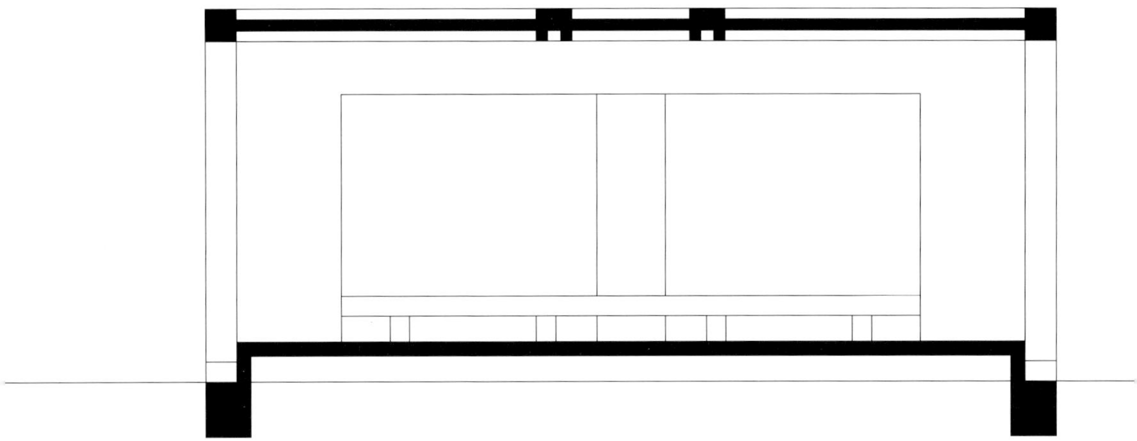

Untersicht

Draufsicht

15

Helmut Federle

Two Black & One White Stone, 1980

Fettkreide und Bleistift auf Papier

19 x 25,3 cm

Helmut Federle

Two Forms (Zwei Formen der Anthroposophie), 1983

Gouache und Kugelschreiber auf Papier

21 x 28,5 cm

17

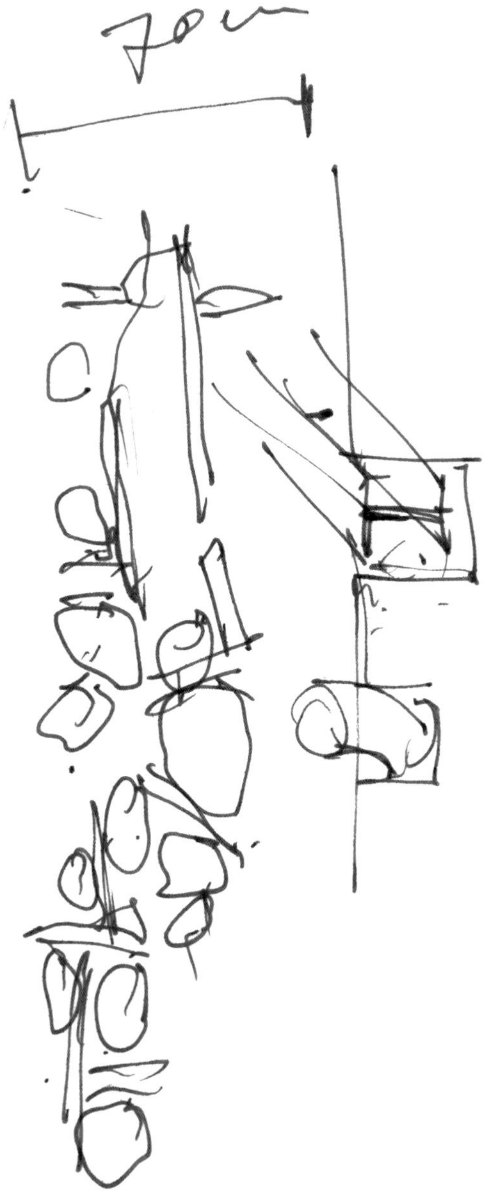
70cm

Auf dem Weg dahin

Johannes Gachnang

Überall dort, wo Menschen sich etwas zu sagen haben, steht man zusammen und redet miteinander. In südlichen Ländern unter freiem Himmel – auf weiten Plätzen in der untergehenden Sonne. Werden die zu besprechenden Anliegen und Themen gewichtiger, findet sich eine offene Scheune, die auch vor Kälte und Regen Schutz bietet, gleichzeitig den so gefundenen und ausgewählten Platz bezeichnet; später sollte die Architektur diesen besonderen Ort definieren. Aus solchen Situationen heraus entstanden die neuen Kultstätten, auch diejenigen der ersten Christen. In den frühen Formen dieser Schutzwände und -dächer erkannten die Historiker später die ersten Ansätze für die Basilika, wie wir sie kennen. So entwickelten sich aus dem primitiven Unterstand die Kirchen, eine charakteristische Architektur prägte schließlich für lange Jahre ihre Form. Bei der hier zu besprechenden Architektur wird man ohne Zweifel ganz unmittelbar an diese frühen Anfänge erinnert, an Vorzeiten, als die Christen gezwungen waren, sich heimlich an abgelegenen Orten zu treffen, um ihren Glauben wie ihre Überzeugung stärken und verbreiten zu können. Auf der anderen Seite erinnert die in Maria Locherboden vom Architekten Gerold Wiederin und dem Künstler Helmut Federle geschaffene Situation jedoch auch an Erkenntnisse einer jüngeren Vergangenheit, die Ende der sechziger Jahre von der soeben angetretenen Generation amerikanischer Bildhauer wie

Carl André und Donald Judd gewonnen und in die Welt gesetzt wurden. Die Künstler der sogenannten Minimal Art wußten den Raum mit ihren Arbeiten neu zu definieren, um den tradierten Kunstbegriff am Ende der Industriellen Revolution neu, vor allem aber weiter zu fassen – galt es doch, eine Brücke zu den Ereignissen, die da kommen sollten, zu schlagen: die technologische Umwandlung der Welt – eine neue Epoche. Diesen Künstlern war bewußt, daß ihre »condition humaine«, das »Kunstmachen«, durch die Umgebung bestimmt wird – »Nur der Tote hat keine Umgebung«, so formulierte es Carl André. Ein erster entscheidender Schritt in diese Richtung wurde aber bereits ein halbes Jahrhundert zuvor in den Himmeln der revolutionären Aufbruchsstimmung der jungen Sowjetunion (1917–1931) unternommen, und zwar von Künstlern wie Malewitsch, Rodtschenko oder Tatlin, die uns und unserer Zeit einige außergewöhnliche Erfindungen zum Verständnis der industrialisierten Welt hinterließen. Die Urchristen hatten – wie beinahe zweitausend Jahre später die Künstler – das Prinzip Hoffnung bereits untrennbar verbunden mit dem Anspruch auf den utopischen Charakter ihrer Ziele. Und beide Bewegungen fanden dafür Ausdruck und Form für eine Architektur ihrer Träume und Wünsche, die sie in der unmittelbaren Nähe ihrer Ideen entdeckten, auch wenn die Ereignisse der letzten zehn Jahre uns einzureden versuchten, daß nur die freie Marktwirtschaft die Bedürfnisse der Menschen befriedigen könnte. Und da sich herausragende Künstler, aber auch Architekten von Thesen dieser Art provoziert fühlen, werden die aufgedeckten Widersprüche gleich wieder im Werk eingebaut, und wir Außenstehende bleiben neugierig auf die Konfrontation künftiger Antworten. Das Jonglieren mit dem immer wieder gerne herbeizitierten »Ende der Kunst« bleibt für mich ein eitles Kokettieren am Jahrhundertende, kurzum: eine leere Rhetorik kurz vor der Vollendung des zweiten Jahrtausends.

Als Laie und Protestant aus dem kulturell von Zwingli geprägten Zürich über die Nachtwallfahrtskapelle Maria Locherboden zu schreiben, ist ein tröstlicher Gedanke, denn in der Idee der Gemeinschaft, wie die spezifische Ausarbeitung derselben durch die beiden formgebenden Baukünstler zeigte, finden sich in der präsentierten Lösung eine Reihe von Ansätzen vom beschriebenen großen Traum realisiert, von denen ich glaubte, daß sie heute, acht Jahre nach dem offensichtlichen Epochenende im Jahre 1989, gar nicht mehr zur Diskussion stünden. Glücklicherweise trügt der Schein: steht man ausschließlich im gleißendhellen Licht der Boulevards der großen Städte, geht einem möglicherweise das Wissen und die Gewißheit verloren, daß abseits – in einer dunklen Nacht – die Bilder der Sterne entlang der Milchstraße deutlicher zu lesen sind als in der gut ausgeleuchteten Metropole. Der Geschichte des Wallfahrtsortes folgend, schufen Architekt und Künstler für die Nachtwallfahrtskapelle einen spezifischen Ort in der allgemeinen Umgebung. Dieser ist von der etwas höher gelegenen, bereits bestehenden Kirche und Gnadenkapelle getrennt, und mit dem klar gegliederten

Baukörper, seinem gedeckten Altarbereich am Rande der tiefer gelegenen Lichtung am Ende des Weges aus dem Tal, ist es gelungen, den gewählten Ort so zu definieren, daß der Charakter der Umgebung der spirituellen Handlung zutage treten kann. Obwohl grundsätzlich alles Umgebung ist, unterscheidet sich der dafür bestimmte Ort von seiner Umgebung darin, daß er einerseits auf die spezifische Qualität der Umgebung, andererseits und in unserem Fall auf die spezifische Qualität des Bauwerks, den eigentlichen Ort der Handlung, verweist. Bei der Findung dieses Ortes spielte der Weg aus dem Tal hoch zur Nachtwallfahrtskapelle, aber auch zur Kirche und Gnadenkapelle sicherlich eine bedeutende Rolle. Sie bleibt dem angereisten Pilger bei seinem langsamen Aufstieg von schützenden Bäumen zunächst geheimnisvoll verborgen, bis er zur vor der Kapelle gelegenen Lichtung gelangt ist, dorthin nämlich, wo sich die Gläubigen, dem Mysterium des Ereignisses von damals folgend, sechs Mal im Jahr zu nächtlicher Stunde unter offenem Himmel zu versammeln pflegen. Mit dem Weg zur jeweiligen Messe wird der Ort wie das Geheimnis des Marienwunders durch den dafür geschaffenen Altar auf vollkommene Weise erhalten.

Über dem Ganzen leuchtet weithin sichtbar die Wallfahrtskirche Maria Locherboden, sodaß der Wanderer, der sein Ziel zu kennen glaubt, den eigentlichen Weg nicht verfehlen wird. So erreicht er auf besondere Weise den besonderen Ort zur besonderen Stunde und erfährt den unter die Füße genommenen Weg als Teil der Idee des Ganzen. Die Wirkung des beschriebenen Geheimnisses wird darüber hinaus durch die aufgebrochene, von farbigen venezianischen Glasbrocken ergänzte Rückwand des Altarbereichs noch gesteigert, einer Lichtquelle, die von einem inneren Licht zu sprechen scheint, gleichzeitig anzeigt, daß der Pilger sein Ziel gefunden hat, eben dort, wo er sich in der Menge von Gleichgesinnten wiederfindet.

Wie so oft werden die Spezialisten auch in diesem Fall darüber streiten, inwiefern das entstandene Bauwerk der Architektur oder möglicherweise doch der Skulptur und Kunst zuzurechnen ist. Eine müßige Frage, wie mir scheint, die zu stellen sich von selbst erübrigt, da der ungewöhnliche Altarraum bereits durch den von Architekt und Künstler definierten Ort seine spezifischen Qualitäten in Erinnerung an das dort einst sich zugetragene Wunder voll umfänglich entfalten konnte. Alles ist offen und einsehbar und so einfach wie möglich gestaltet und unter Verwendung angemessener Materialien umgesetzt, im reichen Wissen, daß das Eigentliche in der dafür definierten Umgebung zu finden ist und der offene Kubus und Altar dem Wanderer die Idee verkörpert, das Ziel seiner Reise – einer Reise, die an dieser Stelle nur ein vorläufiges Ende gefunden hat. Für diesen »Unterstand« voller Zauber trafen Architekt und Künstler einige glückliche Entscheidungen, die nicht ohne Zuversicht auch vom Geheimnis einer weiteren Zukunft sprechen.

On the Way There

Johannes Gachnang

Wherever people have something to say to eachother, they stand together and speak with one another. In southern countries under open skies – on wide piazzas in the setting sun. When the matters and themes to be discussed carry more weight, an open barn can be found providing shelter from cold and rain and at the same time designating the spot thus found and chosen. Later, architecture would define this special site. New places of worship were created out of such situations, also those of the first Christians. Historians later recognized in the early forms of these sheltering walls and roofs the beginnings of the basilica as we know it today. Thus churches developed out of the crude shelter – a characteristic architecture finally defined their form for many years. In the case of the architecture to be discussed here, one is without a doubt immediately reminded of these beginnings – of early times when Christians were forced to meet secretly in secluded places in order to strengthen and disseminate both their belief and their conviction. On the other hand, the situation created in Maria Locherboden by the architect Gerold Wiederin and the artist Helmut Federle suggests insights of a more recent past, made and sent into the world at the end of the sixties by the new generation of American sculptors such as Carl André and Donald Judd. The artists of so-called Minimal Art understood how to define space anew with their works in order to reformulate, but above all to expand the handed-down art concept of the end of the Industrial Revolution. In order to do this it was necessary to build bridges to those events which were to come: the technological transformation of the world – a new era. These artists were aware that their "condition humaine", the "making of art", is determined by the environment: "Only a dead person has no environment", as Carl André put it. A first significant step in this direction had, however, already been taken half a century earlier at the dawning of the young Soviet Union (1917–1931) – namely by artists such as Malevich, Rodchenko, or Tatlin, who left us and our time with several extraordinary ideas on the understanding of the industrialized world.

The early Christians – much like the artists almost two thousand years later – had already inseparably tied the principle of hope to the claim to the utopian character of their goals. And both movements found expression and form for an architecture of their dreams and wishes which they discovered in the immediate proximity of their ideas, even if the events of the past ten years attempted to convince us that only the free market could satisfy people's needs. And since outstanding artists, but also architects, find such theories provocative, the exposed contradictions are immediately incorporated into the work, and we outsiders remain curious about the confrontation of future answers. For me, the juggling around with the "end of art" – always so gladly cited – remains a vain flirtation at the end of the century: in a word – empty rhetoric shortly before the completion of the second millenium.

As a layman and a protestant from Zürich – a city culturally marked by Zwingli – writing about the pilgrimage chapel Maria Locherboden is a comforting thought. For a number of signs of the great dream described previously have been realized in the completed project, contained within the idea of community, as shown by the two architects responsible for the design. I had believed that they, today – eight years after the apparent end of the era in 1989 – were no longer on the agenda. Luckily, appearances are deceptive: if one stands exclusively in the glaring light of big city boulevards, then the knowledge and certainty may be lost that on the offside – on a dark night – the constellations along the Milky Way can be read more clearly than in the well-lit metropolis.

In keeping with the history of the place of pilgrimage, the architect and artist created a specific site within the larger environment for the chapel for a nocturnal pilgrimage. It is separated from the extant church and chapel of mercy which are located at a somewhat higher point. With the clearly structured building, its covered altar area located at the edge of the lower clearing at the end of the path from the valley, it was possible for the site chosen to be defined in such a manner as to reveal the character of the environment of the spiritual act. Although fundamentally everything is environment, the site determined for this differs from its environment in that it refers to, on the one hand, the specific quality of the environment, and on the other hand – and in our case – to the specific quality of the building – the actual site of the action. The way from the valley up to the pilgrimage chapel, but also to the church and the chapel of mercy, must have played a significant role in finding this site. At first protective trees mysteriously hide it from the pilgrim's view upon his slow ascent – until he arrives at the clearing in front of the chapel, at that place namely, where the faithful, following the mystery of the event of that time, congregate six times a year, at a nocturnal hour, under the open sky. With the way to each mass, the site, like the secret of the Marian miracle, is preserved in a perfect manner by the altar created for this purpose. Above it all, the pilgrimage church Maria Locherboden glows, visible from afar, so that the wanderer, believing to know his goal, cannot miss the actual way. Thus the pilgrim reaches the special site by special means at a special hour and experiences the path taken, under his feet, a part of the idea of the whole. Beyond this, the effect of the mystery described is enhanced by the rear wall of the altar area which is completed with pieces of colored Venetian glass. It is a source of light which appears to speak of an inner light, at the same time announcing that the pilgrim has found his goal there where he finds himself among kindred spirits. As so often, the experts will in this case also quarrel about to what extent the building should be ascribed to architecture or possibly to sculpture and art after all. An idle, superflouous question, it appears to me – since the unusual altar space, by means of the site defined by the architect and the artist, could already unfold its specific qualities in remembrance of the miracle which once took place there. Everything is open and viewable and as simple as possible, created with the proper materials and in the rich knowledge that the essential is to be found in the environment defined for that purpose. For the wanderer, the open cube and altar represent the idea, the goal of his journey – a journey which ends only temporarily at this place. The architect and artist made several inspired decisions for this "shelter" full of wonder. Decisions which speak, not without confidence, of the mystery of a further future.

Die Nachtwallfahrtskapelle Locherboden – eine religiöse Architektur

Herzog & de Meuron

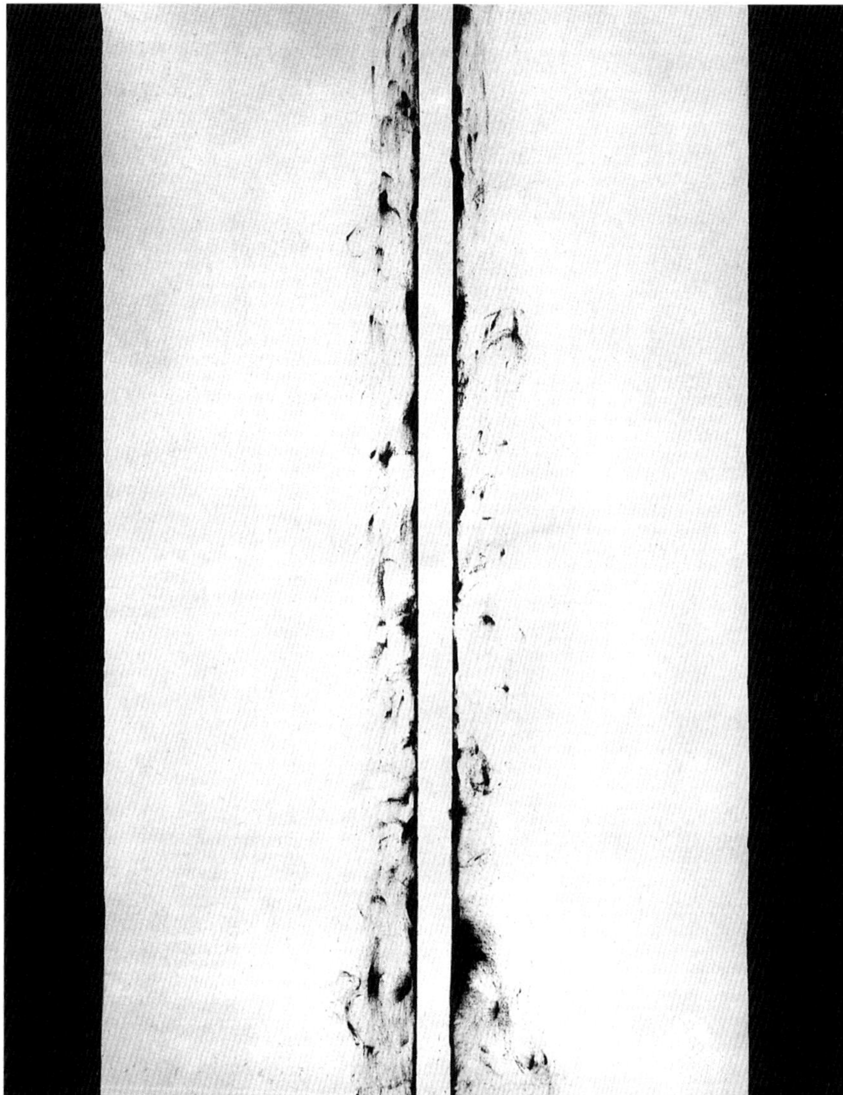

Barnett Newman

White Fire II, 1960

Öl auf Leinwand

96 x 80", Kunstmuseum Basel, Schweiz

Die Nachtwallfahrtskapelle Locherboden ist in zweifacher Hinsicht ein religiöses Bauwerk: erstens, weil sie der Ausübung religiöser Aktivitäten dient (6 mal jährlich finden Nachtwallfahrten statt), und zweitens, weil religiöse Themen in Architektur umgesetzt werden, sich gleichsam in Stein und Glas erhärten:

1.
Geburt – Ursprung

2.
Reinkarnation

3.
Kreuz

4.
Licht

Die religiösen Themen haben sich die Autoren offenbar nicht bewußt zum architektonischen Anliegen gemacht. Es geht nämlich keineswegs um eine Methodik in der Art eines traditionellen »Bildprogramms«, wie wir es von der traditionellen Kirche her kennen. Die an der Nachtwallfahrtskapelle erkannten Themen müssen auch nicht notwendigerweise auf dieses religiöse Bauwerk beschränkt bleiben, sondern könnten ohne weiteres auch auf andere, z. B. profane Architektur angewendet werden. Offenbar geht es hier eher um eine grundsätzliche Auffassung gegenüber der Welt oder zumindest der Welt der Architektur und der Kunst.

Diese religiöse Charakteristik des Baus ist sicher weitgehend der Zusammenarbeit mit dem Künstler Helmut Federle zuzuschreiben. Seine ideologische Haltung ist im Bauwerk stärker und nachhaltiger spürbar als ein unmittelbar gestalterischer oder formaler Ansatz.

1.

Geburt – Ursprung

die Lage des Pavillons vor der Höhle

Am Rand der Lichtung erblickt man ein fremdartig kantiges und sperriges Objekt. Was ist das? Ein Container, ein Ausstellungspavillon, eine Bühne? In der steil zum Baukörper abfallenden Felswand entdeckt man ein Loch – ein Zugang zu einer Höhle oder zu einem unterirdischen Stollen? Der eckige Baukörper steht vor diesem Höhleneingang, als wäre er gerade aus dem Bauch der Erde ausgestoßen worden und könnte auch jederzeit im selben Erdschlund wieder verschwinden. Die räumliche Nähe von Pavillon und Höhle erzeugt eine Spannung. Etwas Geheimnisvolles, etwas Unerklärliches geht von diesem Ort aus. Ist es ein verbotener, unheiliger Ort, z.B. ein Zugangsstollen zu einem Endlager? Oder ist es im Gegenteil ein heiliger Ort, z.B. der Ort eines Wunders, wie etwa eine Geburt?

2.

Reinkarnation

der natürliche Fels – der künstliche Beton

Nähert man sich dem Baukörper, erkennt man die ortgegossene, steinerne Qualität der scharfkantigen Betonkuben, die in ihrer Reinheit an Kristalle erinnern. Man könnte gar eine idealisierte Form von Materie vermuten, von größerer Perfektion, als sie die Natur zu bieten hat. Und dennoch bestehen die Kuben bloß aus Kies, Zement und Wasser, nicht anders als der alte Fels daneben. Dessen Verwitterung und Verformung sind sichtbare Spuren der langsam, aber stetig fortschreitenden Erosion der Erdoberfläche. Diese Erosion und Umwandlung der Erdoberfläche findet überall und andauernd statt. In den Städten ebenso wie auf dem Land, am Petersdom genauso wie an diesem abgeschiedenen Ort mitten in der Natur. In der direkten Konfrontation der künstlichen, geometrisch kristallinen Betonkonstruktion mit der amorphen, naturhaften Felsformation wird dem Besucher der Prozeß von Vergänglichkeit und Wiedergeburt besonders deutlich vor Augen geführt. Erosion und Zerfall sind Voraussetzung für die unablässige Neuformung, die Wiedergeburt in neuer und veränderter Gestalt.

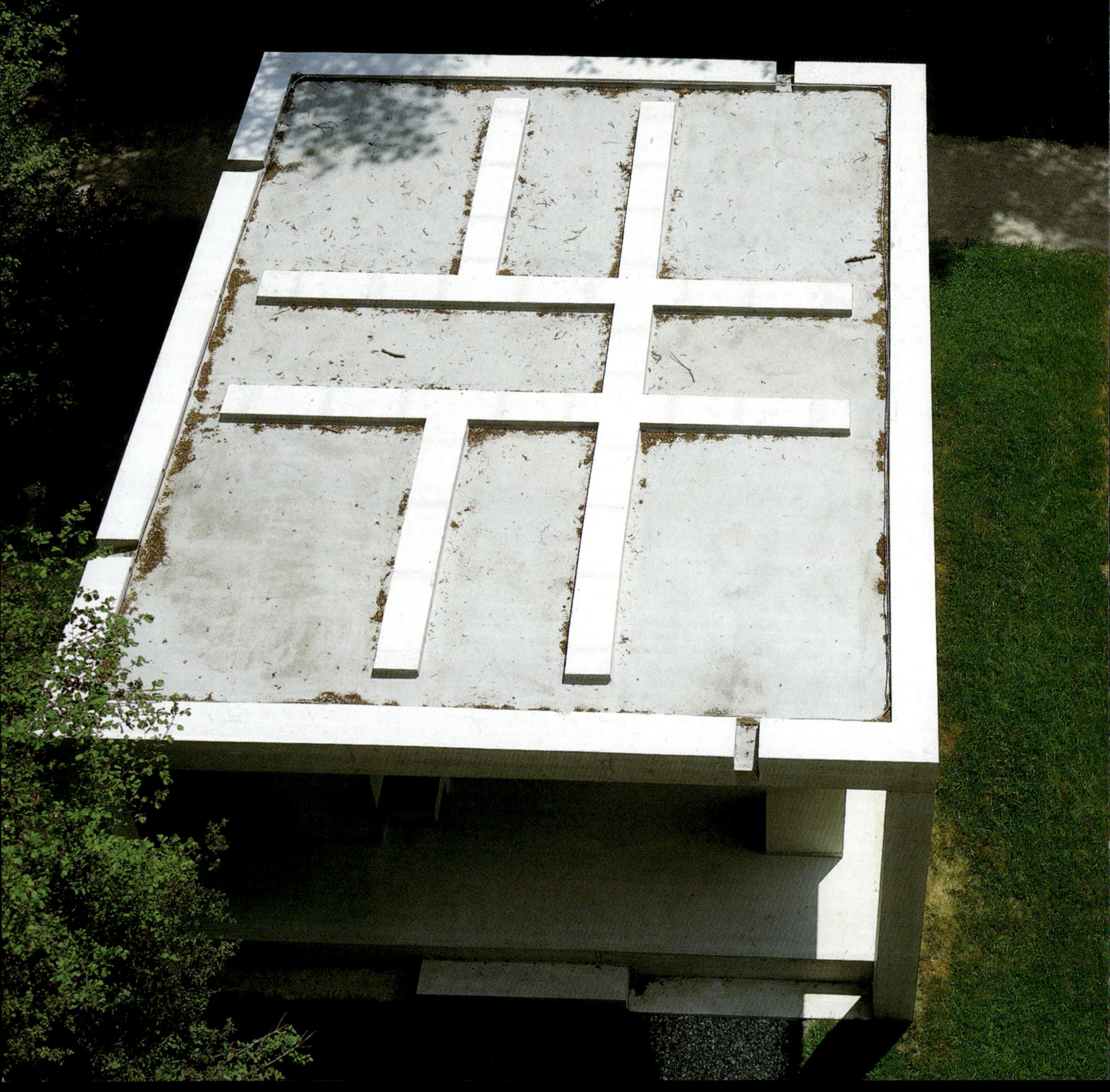

Im Gegensatz zu den anderen hier angesprochenen religiösen Motiven Geburt, Reinkarnation und Licht ist das Kreuzmotiv offensichtliches und bewußt eingesetztes religiöses Gestaltungselement. Von oben betrachtet wirkt das Zeichen gleichsam als Bild in der Landschaft, das vom Betonrand des Daches wie von einem Bilderrahmen eingefaßt wird. Die sich kreuzenden Linien ergeben christliche Symbole, wobei hier allerdings noch andere Inhalte hinzukommen: sich kreuzende Wege (Kreuzung), Kreuzungspunkt (dieser Ort hier, Ort des Wunders) und die persönliche Symbolik des Künstlers Helmut Federle, der seine Namensinitialen H und F seit Jahren seinen Bildern zugrunde legt, um sie immer wieder neu zu formieren, als sei hier etwas Verborgenes zu entschlüsseln, etwas Neues zu erkennen, das Aufschluß über die ewige Frage geben könnte: Wer bin ich, was bin ich?

4.

Licht

die farbigen Glasbrocken

Der spektakulärste Teil der ganzen Anlage sind die farbigen Glasbrocken, welche die Rückwand der Kapelle in zwei gleich große Hälften teilen. Die schweren Glasbrocken sind lose aufeinandergeschichtet und werden durch eiserne Gitterstäbe zusammengehalten. Diese Gitterstäbe verzweigen sich wie die Äste eines Busches oder die Flammen eines Feuers. Die Glaskörper leuchten in allen Farben: orange, grün, violett, weiß und blau. Jeder Stein wirkt für sich als Lichtkörper. Es sind schwere Steine, die da übereinanderliegen, keine filigranen Plättchen wie bei den diaphanen, immateriell wirkenden Wandkonstruktionen der Gotik. Das Licht, das hier entsteht, ist schwer und dunkel, gleichsam aus dem Erdinnern getretenes Licht, aus einer Höhle oder einem Stollen. Licht, loderndes Licht zwar, das aber mit großer Energie zurückgehalten wird. Obgleich die einzelnen Glasbrocken ohne figürliche Darstellungsabsicht aufeinandergetürmt wurden, stellen sich figürliche Assoziationen ein. Das glutartige Licht der Glasbrocken und die sich verzweigenden Stahlstäbe erinnern an Feuer und ursprüngliches Licht. Die Aufschichtung von Glasbrocken ist deshalb nicht einfach ein abstraktes Gestaltungselement, sondern eine Skulptur, welche die Motive Licht, Feuer und Ursprung wachruft. Noch etwas anderes verweist auf die Deutung dieses Elementes als eine Urform von Licht: Die symmetrische Anlage der Betonwand, in deren Mittelachse die Glasbrocken
39 aufgetürmt sind, erinnert an Bildkompositionen von Barnett Newman, z.B. an »The Station of the Cross. First Station« von 1950 oder an »White Fire II« von 1960. Der Bezug zu Feuer und anderen Urelementen wird bei Newman häufig in Bildkompositionen deutlich, bei denen eine vertikale Gestalt vor monochromem Grund besonders artikuliert in Erscheinung tritt. Obwohl es sich hier um Architektur und nicht um Material handelt, ist die Wirkung dennoch vergleichbar, weil die Betonwand mit den Glasbrocken gleichsam als großes Bild unter einem Betondach zur Schau gestellt wird. Die nackte Wand, durchtrennt von dunkel funkelnden Glassteinen ist denjenigen, die schauen wollen und bereit sind, sich darauf einzulassen, Ausgangspunkt für ihre Betrachtungen. Es ist allerdings ein offener Sammlungsort frei von der Raumsuggestion, wie sie in gotischen

Innenräumen auf den Gläubigen eindringt. Die Architektur bedrängt den Besucher nicht, bestimmt nicht die Richtung seiner Gedanken. Inmitten dieser ungeformten Natur markiert sie einen Ort, ist dem Besucher ein Gegenüber, Projektionsfläche und Ausgangspunkt für den eigenen Gedankengang.

The Nocturnal Pilgrimage Chapel Locherboden – A Religious Architecture

Herzog & de Meuron

42

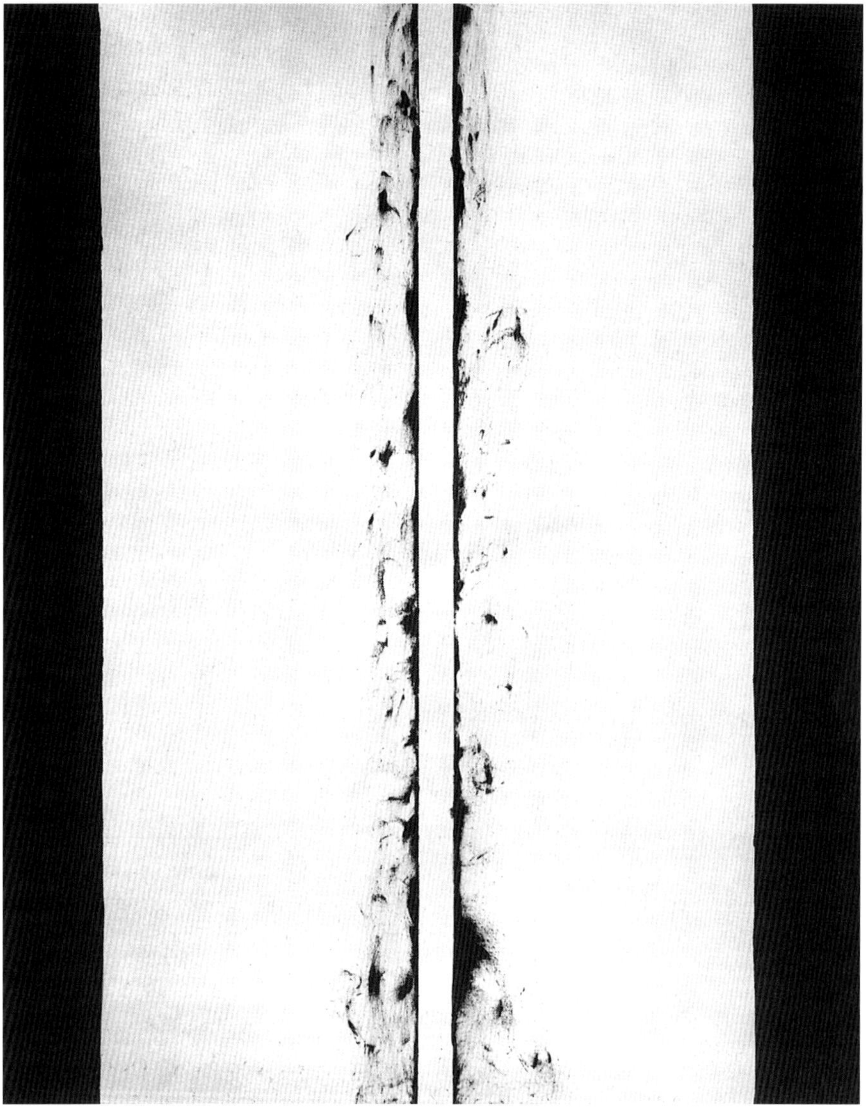

Barnett Newman

White Fire II, 1960

Oil on Canvas

96 x 80", Kunstmuseum Basel, Switzerland

The nocturnal pilgrimage chapel Locherboden is a religious building in a double sense: first, because it serves the practice of religious activities (nocturnal pilgrimages take place six times a year) and secondly, because religious themes are transformed into architecture, are, so to speak, confirmed in stone and glass:

1.
Birth – Origin
2.
Rebirth
3.
Cross
4.
Light

The authors, apparently, have not consciously made these religious themes into an architectonic concern. In no way, namely, is it about a methodology in the nature of a traditional "iconographic program", such as those with which we are familiar from the traditional church. Those themes recognized in the nocturnal pilgrimage chapel need not necessarily remain confined to this religious building, but could easily be applied to other, for example secular, buildings. In this case we are apparently looking rather at a fundamental position in relation to the world – or at least to the world of architecture and art. This religious characteristic of the building is surely to be ascribed to a great extent to the influence of the artist Helmut Federle. His ideological standpoint is more strongly and lastingly perceptible in the building than an immediate formal point of departure.

1.

Birth – Origin

the location of the pavilion in front of the cave

At the edge of the clearing, one catches sight of a foreign, squared and bulky object. What is that? A container, an exhibition pavilion, a stage? One discovers a hole in the steep rockface behind the structure – an entrance to a cave or to an underground tunnel? The rectangular structure stands in front of this cave entrance as if it had just been expelled from the bowels of the earth and could as well disappear into the same chasm at any moment.   The spatial proximity of pavilion and cave creates a tension. Something mysterious, something inexplicable emanates from this place. Is it a forbidden, unholy place – for example an access tunnel to a final disposal site? Or is it, on the contrary, a holy place, the site of a miracle, such as a birth, for example?

2.

Rebirth

the natural rock – the artificial concrete

As one approaches the structure, one recognizes the poured-in-place, stone-like quality of the sharp-edged concrete cubes which, in their purity, call to mind crystals. One could even imagine an idealized form of matter of a greater degree of perfection than nature itself could offer. And yet the cubes consist of gravel, cement and water, no different from the old rock beside them, whose weathering and deformation are visible traces of the slow, but steadily continuing erosion of the earth's surface. This erosion and transformation of the earth's surface takes place everywhere, incessantly. In the cities just as in the country, at St. Peter's just the same as at this isolated place in the middle of nature. The direct confrontation of the artificial, geometric, crystalline concrete structure with the amorphous, natural rock formation makes the process of transitoriness and rebirth particularly clear to the visitor. Erosion and deterioration are the preconditions for the unremitting reforming, the rebirth in a new and changed form.

As opposed to the other religious motifs mentioned here – birth, rebirth and light – the cross motif is an obvious and consciously employed religious element of design.

Seen from above, the symbol functions, so to speak, as a picture in the landscape, enclosed by the concrete edge of the roof as by a picture frame. The crossing lines result in Christian symbols, whereby there are additional meanings here: paths that cross (stations of the Cross), intersecting points (this place here, site of the miracle), and the artist Helmut Federle's personal symbolism. For years Federle has based his pictures on his initials H and F in order to form them a new time and again, as if there were something hidden to be deciphered, something new to be discovered, which could bring insight into the eternal question: Who am I, what am I?

4.

Light

the colored pieces of glass

The most spectacular part of the entire complex are the colored pieces of glass which divide the rear wall of the chapel into two halves of the same size. The heavy pieces of glass are piled loosely on top of one another and are held together by iron bars. The bars branch out like the boughs of a bush or the flames of a fire. The glass pieces glow in all colors: orange, green, violet, white or blue. Each individual stone has the effect of a body of light. Those are heavy stones lying there on top of each other, not the delicate small plates used in the diaphanous, seemingly immaterial wall constructions of the Gothic. The light that comes to be here is heavy and dark – light coming out of the earth's interior, as it were, out of a cave or a tunnel. Light, blazing light certainly, but which must be held back with great energy. Although the individual glass pieces were piled on top of each other without intending a figural depiction, figural associations appear. The ember-like light of the glass pieces and the branching steel bars recall fire and primal light. The layering of the glass pieces is therefore not simply an abstract design element, but a sculpture which awakens the motifs of light, fire and origin.

Something else points to the interpretation of this element as an archetype of light: the symmetrical arrangement of the concrete wall, in whose central axis the glass pieces are piled, remind one of the pictorial compositions of Barnett Newman, for example "The Stations of the Cross. First Station" of 1950 or "White Fire II" of 1960. The relationship to fire and the other elements often becomes clear in those pictorial compositions by Newman in which a vertical element is especially articulated in front of a monochrome background. Although we are dealing here with architecture and not painting, the effect is nevertheless comparable, because the concrete wall with the pieces of glass is, as it were, displayed as a large picture under a concrete roof. The bare wall, cut in two by darkly glowing glass stones, is the point of departure for contemplation for those who wish to look and who are willing to become involved. It is, however, an open place of gathering, free of the spatial suggestion which penetrates the believer in Gothic interiors. The architecture does not impose itself on the visitor. It marks a site in the middle of this unformed nature; it is a counterpart, a projection plane and a starting point for the development of the own thoughts.

Leuchtende Stille

Christian Kerez

57

61

77

Biografische Daten

Gerold Wiederin

geboren 1961 in Feldkirch

seit 1993 selbständiger Architekt in Wien

Helmut Federle

geboren 1944 in Solothurn

lebt und arbeitet in Wien und Zürich

Johannes Gachnang

geboren 1939 in Zürich

Architekt, Kupferstecher und Verleger

lebt und arbeitet in Bern, Wien und Berlin

Herzog & de Meuron

seit 1978 Herzog & de Meuron – Architekten, Basel

Christian Kerez

geboren 1962 in Maracaibo, Venezuela

seit 1993 selbständiger Architekt und Fotograf in Zürich und Chur

Diese Publikation wurde unterstützt von

Otto Mauer Fonds Wien

Amt der Tiroler Landesregierung

Amt der Vorarlberger Landesregierung

Zisterzienserstift Stams

Wallfahrtskirche Locherboden

Pfarre Mötz

Tiroler Sparkasse

Gemeinde Mötz

Herausgeber

Kunsthaus Bregenz, archiv kunst architektur, Edelbert Köb

Konzeption

Edelbert Köb, Gerold Wiederin, Clemens Schedler

Redaktion

Christine Spiegel

Übersetzungen

Kathleen Sagmeister-Fox

Gestaltung

Clemens Schedler, Büro für konkrete Gestaltung, Wien

Bildrechte

Christian Kerez

Lithografie und Druck

Höfle Offsetdruck, Dornbirn

Buchbinderische Endfertigung

Buchbinderei Burkhardt, Mönchaltorf-Zürich

Papier

Kern: Ikonorex special-matt, chlorfrei, 170 g/m²

Umschlag: Freelife Recycling Vellum, weiß, 215 g/m²

Auflage

2.000 Stück im Dezember 1997

Verlag Gerd Hatje, Stuttgart

ISBN 3-7757-0736-0